哈洛新知
Hello Knowledge

知识就是力量

牛 津 科 普 系 列

环境保护

[美]帕梅拉·希尔/著
杜鹏飞/译

華中科技大學出版社
http://www.hustp.com
中国·武汉

湖北省版权局著作权合同登记　图字：17-2021-118 号

图书在版编目（CIP）数据

环境保护 /（美）帕梅拉・希尔（Pamela Hill）著；杜鹏飞译 . —武汉：华中科技大学出版社，2022. 5

（牛津科普系列）

ISBN 978-7-5680-7928-0

Ⅰ．①环… Ⅱ．①帕… ②杜… Ⅲ．①环境保护－普及读物 Ⅳ．① X-49

中国版本图书馆 CIP 数据核字（2022）第 035377 号

环境保护　　［美］帕梅拉・希尔　著

Huanjing Baohu　　杜鹏飞　译

策划编辑：杨玉斌

责任编辑：陈　露　　装帧设计：李　楠　陈　露

责任校对：李　弋　　责任监印：朱　玢

出版发行：华中科技大学出版社（中国・武汉）　电话：（027）81321913

武汉市东湖新技术开发区华工科技园　邮编：430223

录　　排：华中科技大学惠友文印中心

印　　刷：湖北金港彩印有限公司

开　　本：880 mm × 1230 mm　1/32

印　　张：10.875

字　　数：243 千字

版　　次：2022 年 5 月第 1 版第 1 次印刷

定　　价：98.00 元

献给迈克尔以及我们的孩子丹尼尔、伊丽莎白和马修

总序

欲厦之高，必牢其基础。一个国家，如果全民科学素质不高，不可能成为一个科技强国。提高我国全民科学素质，是实现中华民族伟大复兴的中国梦的客观需要。长期以来，我一直倡导培养年轻人的科学人文精神，就是提倡既要注重年轻人正确的价值观和思想的塑造，又要培养年轻人对自然的探索精神，使他们成为既懂人文、富于人文精神，又懂科技、具有科技能力和科学精神的人，从而做到"物格而后知至，知至而后意诚，意诚而后心正，心正而后身修，身修而后家齐，家齐而后国治，国治而后天下平"。

科学普及是提高全民科学素质的一个重要方式。习近平总书记提出："科技创新、科学普及是实现创新发展的两翼，要把科学普及放在与科技创新同等重要的位置。"这一讲话历史性地将科学普及提高到了国家科技强国战略的高度，充分地显示了科普工作的重要地位和意义。华中科技大学出版社组织翻译出版"牛津科普系列"，引进国外优秀的科普作品，这是一件非常有意义的工作。所以，当他们邀请我为这套书作序时，我欣然同意。

人类社会目前正面临许多的困难和危机，这其中许多问题和危机的解决，有赖于人类的共同努力，尤其是科学技术的发展。而科学技术的发展不仅仅是科研人员的事情，也与公众密切相关。大量的事实表明，如果公众对科学探索、技术创新了解不深入，甚至有误解，最终会影响科学自身的发展。科普是连接科学和公众的桥梁。"牛津科普系列"着眼于全球现实问题，多方位、多角度地聚焦全人类的生存与发展，探讨现代社会公众普遍关注的社会公共议题、前沿问题、切身问题，选题新颖，时代感强，内容先进，相信读者一定会喜欢。

科普是一种创造性的活动，也是一门艺术。科技发展日新月异，科技名词不断涌现，新一轮科技革命和产业变革方兴未艾，如何用通俗易懂的语言、生动形象的比喻，引人入胜地向公众讲述枯燥抽象的原理和专业深奥的知识，从而激发读者对科学的兴趣和探索，理解科技知识，掌握科学方法，领会科学思想，培养科学精神，需要创造性的思维、艺术性的表达。“牛津科普系列”主要采用“一问一答”的编写方式，分专题先介绍有关的基本概念、基本知识，然后解答公众所关心的问题，内容通俗易懂、简明扼要。正所谓“善学者必善问”，“一问一答”可以较好地触动读者的好奇心，引起他们求知的兴趣，产生共鸣，我以为这套书很好地抓住了科普的本质，令人称道。

王国维曾就诗词创作写道：“诗人对宇宙人生，须入乎其内，又须出乎其外。入乎其内，故能写之。出乎其外，故能观之。入乎其内，故有生气。出乎其外，故有高致。”科普的创作也是如此。科学分工越来越细，必定“隔行如隔山”，要将深奥的专业知识转化为通俗易懂的内容，专家最有资格，而且能保证作品的质量。“牛津科普系列”的作者都是该领域的一流专家，包括诺贝尔奖获得者、一些发达国家的国家科学院院士等，译者也都是我国各领域的专家、大学教授，这套书可谓是名副其实的“大家小书”。这也从另一个方面反映出出版社的编辑们对“牛津科普系列”进行了尽心组织、精心策划、匠心打造。

我期待这套书能够成为科普图书百花园中一道亮丽的风景线。

是为序。

杨叔子

（总序作者系中国科学院院士、华中科技大学原校长）

序言

杜鹏飞教授要我为他翻译的《环境保护》写序言，因为这是一本关于环境保护的科普读物，我觉得很有意义，没有拒绝。等到拿到译本，读了作者写的前言，看了全书的目录和各章的内容梗概，我就更觉得自己想写几句了。

我非常赞同作者写这本书的动机。她是一名环境律师，对于环境保护的重要性和有关知识有很深的了解，更使我敬佩的是，她深刻地认识到，人人都必须关心环境，具备有关环境保护的知识并参与到环境保护的行动中，她在书的前言中清楚地说明，这本书的受众是“公众和政策制定者、学生、学者、环保主义者以及公益事业人士”。这本书回答了有关环境、生态、污染、环境保护、气候变化、环境正义、环境法以及人类与地球的未来等多方面的200多个问题。本书内容全面，知识丰富，充满了对环境的关注和责任心，是一本非常有教育意义的读物。这本书不仅对美国有用，对中国也很有用。

因此，我也非常赞成杜鹏飞教授翻译这本书。尤其使我感动的是，杜老师担负着清华大学艺术博物馆常务副馆长的重任，还在环境学院承担授课及指导研究生的工作，他的时间十分宝贵和紧张。他是在2018年初不幸摔跤导致腿部受伤，不能独立行走的情况下，把时间用来做这项有意义的工作的，他对环境的热爱和对环境教育事业的担当，值得我们为他点赞，向他学习。

我们要牢记习近平主席的教导："良好生态环境是最公平的公共产品，是最普惠的民生福祉。""生态环境保护是功在当代、利在千秋的事业。""环境就是民生，青山就是美丽，蓝天也是幸福。"党的十八大报告提出，"把生态文明建设放在突出地位，融入经济建设、政治建设、文化建设、社会建设各方面和全过程"，这就是告诉我们，每个人都对生态文明建设有责任，都要为保护生态环境贡献自己的力量。环境教育应该为此发挥重要的作用，环保科普是环境教育中不可缺少的一项，我们应该大力加强环保科普工作，大力推进环境教育事业，促进生态文明建设，努力创造可持续发展的美好未来。

前言

本书旨在为那些对环境保护感兴趣并希望了解更多相关知识，或者正在就其中某个特定专题搜寻更多信息的读者，提供关于环境保护的总体概述。本书的目标受众是公众和政策制定者、学生、学者、环保主义者以及公益事业人士。我在书中提出了一些并没有明确答案的问题，这些问题有助于读者积极应对投身于环境保护所遇到的挑战。本书涵盖了全球的环境保护问题，但重点是美国。我在书中列举的许多实例正源自美国，其环境条件与实践也最为我所重视。作为一名环境律师，我职业生涯中的大部分时间就职于美国环境保护署，而且我讲授美国环境法，所以从这个角度看，我的定位还是合理的。此外，美国是许多重要环境法律和政策的发源地，也是许多全球环境问题的“贡献者”。因此，它就好比一个合适的镜头，我们可以透过它更广泛地考量环境保护。

在我写这本书之前，当人们认为我是一位“环保主义者”时，我经常纠正他们：如果环保主义者意味着仅仅保护环境，那我还不算是。我还对环境保护与经济、政治以及其他争夺公共税收的社会问题之间的关系感兴趣。然而,在进行研究并撰写本书之后,我已经更好地了解到我们全球的环境面临着怎样的风险,以及如何保护环境不仅对它本身重要(正如我一直认为的那样),对于我们的经济和社会福祉也至关重要。毫不夸张地说,保护环境免受目前所遭受的危害,直接关系到我们人类的生死存亡。于是我成了一名环保主义者,并且我希望《环境保护》的读者分享(如果他们尚未如此)从本书中学到的知识,让更多人了解到我现在所感受到的紧迫感是恰如其分的。

我撰写本书时得到了许多人的帮助,首先是我在职业生涯中有幸共事过的学者、律师、政府人员、商界人士和公益人士,然后是为我提供了详细而特别的想法和支持的人士,我要特别致谢。我衷心地感谢环境领域的同事 Carl Dierker、Veronica Eady、Nancy Marvel、Eric Schaaf 和 Ann Williams,特别学科的专家 Dawn Andrews、Gail Feenstra、Daniel Steinberg、Rama Subba Rao Velamuri 和 Robert Tinker,以及我的孩子 Daniel、Elizabeth、Matthew Coogan,我的妹妹 Elizabeth Hill。感谢我的研究助理 Chloe Noonan,他提出了连贯而出色的建议,并编辑、研究、核查了文稿。感谢波士顿大学法学院提供的资助。感谢波士顿大学法学院图书馆的 Stephanie Weigmann 提供了非常有用的建议。也感谢 Elizabeth Walker 在完善本书体例方面所提供的帮助。

我非常感谢牛津大学出版社编辑 Nancy Toff 提供的支持和富有智慧的建议。

如果没有我丈夫 Michael Coogan 提出想法、保持耐心和进行有见地的修改校订，以及他日复一日的鼓励，这本书不会呈现目前的模样，事实上它将不会被写出来。

目录

6 空气

1　环境保护概述

什么是环境?

各种自然的或人造的材料和条件会影响地球上的生命。它们综合在一起,就构成了环境。阳光是环境的组成部分,大洋深处的海床,以及在地下岩石和沙子的裂缝与孔隙中流动的地下水也是。环境延伸到地球大气层的尽头。它包括纽约市百老汇和第四十二街的交叉口,也包括你家的客厅以及其中的家具。在本书中,生物是环境的一部分,但生物体的内部却不是,尽管在一本关于我们体内微生物的书中它们可能是环境的一部分。然而,很显然,环境的某些部分随时都会进入生物体内部——随着人类和其他动物摄入的食物,呼吸的空气,以及喝的水而进入;植物在获取其生长所必需的水、空气、光和土壤时,也以类似的方式摄入它们。

什么是环境保护?

环境保护是一个相对较新的提法。50 年前,大学并不提供环境科学学位,报纸没有关于环境的专栏,律师没有环境法可践行,被称为环境伦理学的哲学分支尚不存在,公司也就更没有环境政策。如今,上述所有事情都变得常见起来,因为环境保护(无论如何定义)已经在全球范围内生根了。

然而,关于什么是环境保护,目前并没有普遍被认同的观点。每当考虑这个问题时,许多不同的经济利益、哲学观点和文化价值都会掺杂进来。在联合国、美国国会和其他国家的议会,在许多公司和环境公益组织的董事会上,以及个人之间,有关环境保护的概念的辩论激烈地进行着。因为环境保护对于不同的人群意味着完全不同的事情。

对于许多环境政策制定者来说,环境保护意味着要降低污染水平,而且这一重要目标已经引起政府、学术界和个人的极大关注。事实上,本书的大部分内容都在探讨污染,因为它是造成我们环境问题的一个基本原因。当然,现在有许多有想法的人已经认识到了污染控制的局限性,因为它通常是通过仅"允许"(发放许可证)一定数量的污染物排放,来限制污染物从大型工业和市政污染源排放到水体或者空气中去的。与之相反,环境保护如今越来越关注一个更广泛的概念——可持续性。它包含了对整个生态系统以及生物积累的影响的关注,这就需要评估造成某一特定地点(或者气候变化情形下的整个地

沿岸公园内应禁止狗狗随地大小便
Photo by Ilya Breitburg on Unsplash

球)环境侵害的所有因素,并从所有因素着手减少污染。可以通过禁止工厂和污水处理厂从管道排放废水,减少附近街道和上游农业区的径流,禁止向雨水道倾倒废机油以避免其向河流排放污染物,禁止狗狗在沿岸公园内排泄等手段治理一条被污染的城市河流,使河流变清。在确定环境优先事项和采取行动时,生物积累造成的健康影响也应纳入考虑。背负着污染和社会经济地位低双重包袱的弱势人群,比更具社会优势的人群更适合作为空气污染控制改善项目的受益者;而更具社会优势的人群,则可能是新型垃圾焚烧炉的更合适的受益者。

因此,环境保护意味着,或者应该意味着,减少污染、做出可持续的选择、寻找整体解决方案,以及在所有人口中公平地分配工业化带来的负担和利益,同时也要考虑他们的现状、他们对正在解决的问题的贡献,以及他们可获得的资源。

为什么环境需要保护?

最显著的原因,或许也是最自私的原因,是人类需要环境。这在某种程度上是一种新理念,因为就在不到 100 年前,环境还被认为大体上能够自我修复,并且其太庞大、太古老,是万物之基础,因而不会被严重破坏,尤其不会被人类这种先进的、适应性强的,并且本质善良的物种所破坏。儿童需要保护,财产需要保护,国家需要保护,那么环境也需要保护吗?

从我们 21 世纪的主流观点来看,这种想法是荒谬的。从全球来看,人们现在已普遍认识到环境需要保护。在过去的 100 年里,污染物的种类和数量呈指数级增长,其中一些是我们创造出来的合成材料——这些地球新成员给地球带来的长期影响尚未可知。世界许多地区的人口增长迅猛,对自然资源的需求随之增加,对清洁的水和食物的竞争也越发激烈。一些地方出现了一种不好的现象:富裕是以过快而空前的消费速度所表现的,人们对这种消费所带来的废弃物高度漠视,但是这些废弃物拥塞了我们的海洋并且污染了我们的地下水。气候变化及其后果虽然令人生畏,但是它们仅是人类所造成的一系列环境危害(从森林滥伐到雾霾)中的最新类别,这些危害越来越频繁地成为全球政策辩论的主题,也成为全球监管控制的对象。

面对这样的冲击,环境不可能成为自身的保护倡导者——它需要人类的声音以及人类的行动。

森林滥伐是环境危害之一
Photo by Boudewijn Huysmans on Unsplash

环境保护何以成为社会问题？

在我们人类的大部分历史进程中，人与环境有着复杂的关系。我们曾惧怕环境中的暴风雨、火山，以及大到狮子、小到蝗虫的生物。我们曾经把雷和雨奉若神明。但我们也已经操纵环境数千年：为了农业灌溉而使河流改道，为了种植庄稼而烧毁森林。与此同时，我们单纯地享受着环境中的资源并且敬畏环境，就像我们的绘画、文学、音乐（如贝多芬的伟大的《田园交响曲》）和休闲活动所表现的那样。伴随着始于18世纪的工业革命，我们对环境的掠夺和污染越来越严重。第二次世界大战之后，由于技术进步及相关商业利益的驱使，我们不断地用新的且了解不多的化学品来改变环境。然而，很少有人付出较多努力去保护环境。可以肯定的是，也有一些零星的环境保护措施。国王们曾在他们的狩猎游戏中围起护栏，古代文明也保护水源不受污染。早在公元前300年，印度的《政事论》（*Arthashastra*）就详细探讨了人类对环境造成的危害。对环境及其重要性的广泛认识直到19世纪末20世纪初才得以发展起来。在这一时期的美国，全美奥杜邦学会（National Audubon Society，NAS）等非营利组织以及美国鱼类及野生动植物管理局（United States Fish and Wildlife Service，USFWS）等联邦机构成立了，约翰·缪尔（John Muir）和西奥多·罗斯福（Theodore Roosevelt）等人开始清晰阐释环境价值观。

但是，直到20世纪下半叶，环境保护才在全球尺度上成为重要的社会价值。这种转变迅速而激动人心，是一件好事。由单一源头促成的转变是很少见的，但是在这件事上，我们可以指出：源头正是蕾切尔·卡森（Rachel Carson）的《寂静的春天》。在为该书再版所写的序言中，美国前副总统阿尔·戈尔（Al Gore）这样写道："《寂静的春天》犹如旷野中的一声呐喊，以它深切的感受、全面的研究和雄辩的论点改变了历史的进程……《寂静的春天》的出版可视为当代环境保护运动的起始点。"在《寂静的春天》一书中，卡森首次聚焦于那些主要用来灭除有害昆虫的化学品的影响。这些化学品被喷洒到环境中后变得无处不在，不知不觉地毒害了鸟类、鱼类和我们人类。《寂静的春天》这个书名是从约翰·济慈的诗句联想而来的，诗中写道："湖中莎草已枯，不闻鸟鸣。"卡森在书中写到的化学品，包括滴滴涕、艾氏剂、狄氏剂以及对硫磷，现在已大都受到使用限制或被禁用。

卡森被抨击为一个极端主义者，特别是遭到那些从她所提到的污染品中获利的化工公司的反对。它们花重金资助一些研究，企图反驳她的研究成果（但从未被有力地驳倒过），并且当《寂静的春天》的摘录在《纽约客》上登出后，它们还试图禁止该书的出版。1964 年，在这本书出版 2 年后，卡森因乳腺癌去世。在她患病的最后阶段，她在美国国会的证词为国会未来 10 年的环保行动铺平了道路。在国际上，世界自然基金会等组织应运而生，并且联合国从 1972 年在斯德哥尔摩举行首次人类环境会议开始，就长期关注环境领域。

卡森的环保行动不仅是一个力量悬殊的双方较量的故事，还是与另外两个发展趋势紧密相连的一声号角：其中一个是日益富裕而有文化的战后人口，他们不仅阅读新闻，而且破天荒地开始每晚观看电视新闻;另外一个则是环境本身表现出的一些明显迹象,用电影《玛德琳》中克拉维尔小姐的话说,“有些事情不对头了”。

1969 年发生的凯霍加河火灾就是一个信号。凯霍加河横贯俄亥俄州的克利夫兰,多年来一直是当地工业废物、污水和垃圾的倾倒场所。这条河里充塞着废弃物,水面上的油污和垃圾因火花而爆燃,从 1936 年开始,已经引发了多次火灾,其中最严重也是损失最为惨重的一次大火发生在1952 年。然而,却是 1969 年的一次较小规模的火灾引起了美国全国的关注。当时许多媒体对这次火灾进行了报道,包括《时代周刊》以及晚间新闻的报道。尽管《时代周刊》所用的照片拍摄自1952 年的大火,但是这一点并不重要,因为支撑其观点的论据以及该新闻反映的精神实质是真实的:作为污染所带来的直接后果,这条河流的确在燃烧,并且已经持续了很长一段时间。大火吞噬河流非常具有戏剧性且与人们的直观认识相悖,一下子引起了包括美国国会在内的全美上下的关注。从此,这张照片被永久地保留在环境保护的史册上。

另一个例子是 1967 年在英格兰西南海岸搁浅的超级油轮“托里谷”号。该油轮将大约 12 万吨原油泄漏到大西洋和康沃尔郡,污染了当地 120 英里[①]的海岸,并横跨英吉利海峡污染了法国布列塔尼 50 英里的海岸。该事件对生态、景观和经济的影响十分巨大。唯一的积极结果是,就像凯霍加河火灾一样,“托里谷”号油轮泄漏事件成了一个象征和敲响的警钟,让

① 1 英里≈1.61 千米。——译者注

人们意识到污染的威力、石油泄漏的独特危害,以及解决这些问题的科学方法和法律的缺失。它也成了一个不断重复的悲剧的经典例子。随后发生的原油泄漏事件也造成了同样的生态、景观和经济后果,例如 1989 年阿拉斯加的“埃克森 · 瓦尔迪兹”号油轮和 2010 年墨西哥湾的英国石油公司“深水地平线”钻井平台原油泄漏。

到 20 世纪 60 年代,随着公众的关注度不断提高,传媒界收集了许多关于环境问题的故事。从 20 世纪 70 年代开始,环境保护就成了一种价值观,特别是在美国,催生了一整套独一无二且赢得民主党和共和党支持的强有力的环境法律,至今仍然行之有效。20 世纪 70 年代初,美国时任总统理查德 · 尼克松在国情咨文中就这样说道:“70 年代的伟大命题是,我们该

两种颜色的田野对比
Photo by elizabeth on Unsplash

向我们的环境投降,还是该与大自然和平共处并开始为我们对空气、土壤和水体已经造成的伤害做出补偿。”1970年,他提议设立美国环境保护署,并赋予其执行环境法律的责任。在这一充满希望的开端之后,美国的环境记录良莠不齐。但幸运的是,同样在20世纪70年代,在联合国的领导下,环境价值开始成为全球关注和行动的主题。在全世界对气候变化深感困惑的当下,情况尤其如此。

美国环境保护署是什么机构?

美国环境保护署是实施美国联邦环境法的主要政府机构,其一项艰巨的工作任务,是将美国国会所通过的法律中的广义授权转换为具体的公众和需要遵守这些法律者(主要指工业企业)能够理解的法规。此外,美国环境保护署还将大笔资金拨给各州和其他实体,用于达成环境法中规定的特定目的,例如执行州环保计划或建造污水处理厂。这些资金使得美国环境保护署所负责的和美国所享有的环境保护成为可能。

尼克松总统通过一项行政命令,将那些先前具有环境保护职责的联邦部门整合在一起,从而设立了美国环境保护署。它是一个独立的监管机构,也是政府行政部门的一部分,其行政主管由总统任命并经由参议院批准。美国环境保护署总部设在华盛顿哥伦比亚特区,负责制定政策和法规,领导10多个实验室,以及10个负责执法并与各州就计划实施进行合作的区域分局。美国环境保护署拥有大约17000名员工,包括科学家、工程师、政策分析师、律师等。

美国环境保护署虽然与行政部门有联系，但其独立地位旨在保护其方案和政策的客观性与科学性，这两种特性在该机构内都受到高度重视。然而，该机构也经常受到政治的冲击。一个极端的例子发生在罗纳德·里根政府时期，当时专职人员与高级别的政治任命官员不断地发生冲突。类似地，在乔治·W. 布什（小布什）执政时期，白宫政策制定者和该机构内（特别是气候变化领域）的政治任命官员的观点对一些专职人员造成了严重的影响。

大多数国家都有类似美国环境保护署这样的环保机构吗？

是的。例如，中国的生态环境部履行的职能与美国环境保护署相似，并且与其他许多国家政府的环境机构一样，与美国环境保护署合作了30多年。德国联邦环境、自然保护和核安全部自成立以来一直是德国的主要环境保护机构。俄罗斯联邦环境、工业和核安全监督局等同于俄罗斯的环境保护机构。尽管许多国家都有高级别的政府机构，其使命广泛涉及环境保护，但是其关注重点、架构和效力则各不相同。

何种价值观在驱动环境政策？

至少自20世纪70年代以来，环境保护作为一种价值观已经被植入我们的全球社会结构中。于是这个问题就变成：应用何种价值观来解决某个特定的环境问题？考虑这样一种过于简化的情景：一条拟建的铁路线可以减少道路上的汽车和污染，使得乘客的城际往来更为便捷，但它在从一个主要城市到另一个城市的途中将穿越一片湿地。该铁路线拟建计划是否应该获得批准？那些持有人本（以人为中心）观点的人，重视铁路线给人带来的好处，将会说应该；而那些重视湿地的非人类福祉（如可作为野生动物栖息地）并希望保护湿地的人则会说不应该（除非保留该项目有益于人类，这也有可能）。这是制定环境政策时最基本的价值分歧：人类利益与更广泛的生态利益的分歧。这就提出了一个道德问题：人类是否有权为了追求自身的利益而对环境为所欲为？或者说人类也只是地球上所有生命的一部分，无权为了自身利益而毁坏地球或耗尽地球资源，进而牺牲其他物种——确切地说，人类是否有义务保护其他生物？

至少在西方的道德观念中，以人为本的观点往往会胜出。亚里士多德说过："大自然已经为了人类创造了所有的……事物。"而《圣经》中也宣扬人类"去填充地球，去征服它；去掌管海中的鱼，空中的飞鸟，以及在地球上运动的所有生物"。而且，在解决环境问题时，占主导地位的经济学视角倾向于提倡以人为本的环境价值观。但是，也有一些明显的观点上的抗衡。许多土著，如美洲印第安部落，表现出对大自然的强烈而持久的精神依恋和尊重。19 世纪美国超验主义思想家爱默生和梭罗的生态价值观将自然与神性直接联系在一起，并且如今仍然具有影响力，正如卡森和奥尔多・利奥波德（Aldo Leopold）等思想家的环境伦理观一样，后两者因土地伦理观而闻名。

人本利益与生态利益的关系成了法理学的研究对象。位于内华达山脉的矿王谷（Mineral King Valley）曾是一处风景优美的禁猎区，1969 年，迪士尼公司提议在那里建造一个度假村。环保组织试图用如今著名的法律理论驳斥这项提议,该理论是:受伤害威胁的树木和其他生物就像孤儿一样,应该有权在法庭上起诉,并由律师代表它们的利益。这一法律理论在当时并未赢得胜利,但是在此案终审机构美国最高法院赢得了众多关注。"树木是有立场的"这一主张出现在由大法官威廉·O.道格拉斯(William O. Douglas)与法官布伦南(Brennan)和布莱克门(Blackmun)联合执笔的异议书中,留下了富有挑衅意味的提醒:没有发言权的自然环境十分脆弱,以及在经济价值和生态价值之间存在着明显的冲突。

环境价值观及其在解决环境问题中的作用,远比上述以人为本与自然世界的二分法要复杂得多。考虑另一种情景:鳕鱼岬海上风电场项目(Cape Wind Project)是一个雄心勃勃的项目,它将利用位于楠塔基特海峡的马萨诸塞州科德角的多台巨型风力涡轮机发电。关于鳕鱼岬海上风电场项目的辩论卷入了多种不同的价值观:栖息地价值观(鸟类和鲸鱼)、宗教和文化价值观(美洲土著墓地)、美学价值观(海岸视角)、经济价值观(工作)、可持续性价值观(可再生能源)等。

什么是可持续性?

可持续性常常与发展绑在一起,进入环境保护词典的时间很晚,但它已经成为一种重要且具有挑战性的环境价值观。可持续发展的基本定义出现在1987年世界环境与发展委员会提交给联合国的报告中:"既满足当代人的需求,又不对后代人满足其需求的能力构成危害的发展。"因此,可持续性是关于未来的,这就使其成为一个难以理解且难以实现的目标。对人类而言，长期规划通常不会超过 10 年，譬如一项长期的商业战略计划很少会超过 10 年。可持续发展，诸如农业、能源政策以及任何其他可持续的环境实践所需要的时间必然超出环境规划者的寿命。可持续发展并不仅仅是确保某一特定的海洋食物源不被捕捞殆尽，就此失去一个有利可图的市场，尽管它的确包含这一小目标。

政策制定者在保持原本的代际局面的同时，现正在为可持续发展这一概念增添更多特征。2002 年联合国《可持续发展问题世界首脑会议执行计划》指出，"促进可持续发展的三个既各自独立又彼此强化的支柱组成部分——经济发展、社会发展和环境保护融为一体"。这三大支柱已成为环境决策者努力实施可持续发展的重要因素。

可持续发展并不局限于海洋食物源的捕捞
Photo by Chris Hardy on Unsplash

作为一个实践性问题，可持续发展意味着改善经济状况，减少贫困，维持基本的公平，并且营造健康的环境——所有这些都要在全球和长远未来的尺度上加以考虑。如果说污染控制是20世纪后期环境决策者所关注的核心问题，那么可持续发展就是当前的核心问题。

环境保护为何如此之难？

我们可以集体或单独采取直截了当的（如果不易完成的话）措施，如节约能源、改变生活方式、积极控制污染、减少消耗和发展新技术，以扭转几百年来的环境退化趋势。然而，我们仍然很难采取这些措施。出于风险和收益的考量，人们想知道为什么。这里给出六个原因。

第一，环境资源通常或者看上去是免费的，因此人们缺少保护环境的自然经济激励。加勒特·哈丁（Garrett Hardin）在1968年所撰写的经典寓言《公地悲剧》中揭示了这一问题，且环境经济学家普遍认为《公地悲剧》具有启发性。哈丁所说的公地是一个向所有人开放的牧场。多年来，它为牧民提供了足够的空间和牧草，让牧民可以轻松地放牧。然而，由于牧民的成功，牲畜数量超过公地承载力的那一刻终于到来。更由于公地资源是免费的，减少牲畜数量对于牧民个体来说不会有任何好处，于是每个牧民都决定继续增加牲畜数量。用哈丁的话说："这是悲剧。每个人都陷入一个迫使他无限制地增加牲畜数量的机制中——而他们所处的世界是有限的。在一个信奉公地自由的社会里，每个人都希望将个人利益最大化，于是毁灭成了所有人奔赴的终点。公地的自由将毁掉一切。"哈丁的公地是对我们的海洋、空气、野生生物和土壤的隐喻，所有这些资源看似十分丰富。我们从中得到的启示是，环境保护需要集体行动和控制个体利益，但这两者都很难实现。

第二，即便税收、价格或强制性法律等激励措施成功地使人们以保护环境（保护公地）的方式改变了行为，可是，还有一个问题带来了更多挑战。那就是在环境开始退化到人们对此警惕之间，常常有一段时间间隔：环境问题通常会悄悄逼近我们——它们通常不会跳出来让我们发现。通常，我们用温水煮青蛙的比喻来描述这种时间上的滞后。如果你把青蛙扔进沸水里，它会跳出来以自救，但是如果你缓慢地升高水温，青蛙就会待在水中直到被烫死。无论这个比喻在科学上是否准确，作为对气候变化现象以及几乎所有其他人为环境问题的一个比喻，它是很到位的。这表明，为了保护环境，人类必须察觉那些看上去遥远而不确定的危险并采取行动。不幸的是，我们人类这个物种对于这类行为无动于衷。凭借从狩猎采集的祖先那里所继承的或战或逃的心态，我们会本能地对眼前的危险做出反应，而不是对于那些人类活动对环境所造成的隐秘的、渐进的、往往难以察觉的威胁有所反应。环境很难得到保护，是因为其退化是如此隐蔽，人类通常不会足够害怕和重视，也就不会采取行动，不像家园失火时我们会马上行动。

第三，那些对环境有负面影响的行为根本不为始作俑者所察觉。而当负面影响显现时，受害者又通常无力阻止这些影响。从中受益的人，因其没有受到伤害而且往往远离伤害，也就没有动力去减少伤害。二噁英是造纸工艺中产生的一种有毒副产物，它使纸张变白，而这往往是全世界的人们喜欢的纸张特性。多年来,二噁英被排入像缅因州的佩诺布斯科特河(Penobscot River,美国缅因州中部河流,向南注入大西洋)这样的河流,最终进入了当地人们捕食的鱼类体内。直接受影响的大部分是佩诺布斯科特族印第安人,他们的保留地由河流中的岛屿组成,几个世纪以来他们一直在那里捕鱼为生,其后果就是摄入了二噁英。另一方面,白纸的绝大多数消费者不会吃到来自佩诺布斯科特河的鱼,他们的居住地远离造纸厂,他们对造纸过程也知之甚少,并不知道他们所使用的产品导致了水质问题。

第四,环境问题及其解决方案并非显而易见。大多数情况下,当我们对其进行研究时,不确定性就会令人不安地呈现出来:地球的气候到底什么时候将变得过热以至于无法支持我们目前所知的生命?在细菌含量高的水中游泳是否真的太危险?如果是,那么在8月份炎热的星期天,细菌的含量究竟高到什么水平时需要关闭一个大海滩?我们使用的产品中所含的致癌物质是否要被完全禁用,即使我们尚不清楚其风险的确切性质?

第五,至少在美国,环境问题已日益党派化和政治化,这与20世纪70年代的两党合作形成了鲜明对比。现在让美国国会团结起来解决环境问题非常困难:21世纪的几乎每一个环境问题,从美加拱心石石油管道项目到煤炭的未来,都陷入了混乱的政治争论中。

第六,环境运动早期的成功好比那些长在低处容易采摘的果实。减少大型工厂的污染虽然不容易实现,但要比应对全球气候变化或者由数以千计的小型污染源带来的地下水污染容易得多。然而,类似这样的一些问题正是我们今天所面临的。

实际上,环境之所以难以保护,是因为它需要我们舍弃个人利益、着眼未来,在全球尺度上思考和行动,并且要理解健康环境与人类进步甚至人类生存之间的深层联系。它往往也无法解决问题,正如在下一个问题的答案中所证明的那样。

"非预期后果"这个概念与环境保护有何关系?

"非预期后果"这个概念描述的是不同于计划的、预期的或想要的结果的后果,这种情况时有发生。非预期后果通常是有害的,不幸的是,这个概念常常出现在环境保护领域(许多环境问题往往有非预期后果)。环境是一个非常复杂的系统,因此试图去阻止对其造成的伤害也可能非常复杂。事实上,环境保护运动并非针对有计划的环境破坏——没有正常的人或企业会有目的地去污染空气或水,而是针对那些本有良好目标的人类活动的非预期后果。谁会将气候变化视作工业化的后果,又或者将水污染看作施用化肥的后果呢?

对这些环境破坏的特别应对本身也会产生非预期后果。这不仅表明了环境保护有多么困难,而且说明了从整体上解决环境问题有多么重要,因为线性的应对常常会带来额外的问题。例如,没有人打算将用来去除垃圾的市政焚化炉中的致癌的二噁英排放到空气中,但是确实有许多市政焚化炉中的二噁英被排放到空气中了。美国国会早期制定联邦环境保护法律并非意图制造污染,然而,正如美国国会在1976年的《资源保护和恢复法》(关于有害固体废物的联邦法律)的调查结果部分所述,“《清洁空气法》《清洁水法》以及其他针对公共健康和环境的联邦及州法律的一个后果就是,产生了更多数量的固体废物(以污泥和其他污染处理残留物的形态)”,这意味着空气污染和水污染控制经常会产生可造成土地污染问题的副产品,问题严重到需要政府的额外关注。

尽管环境法已被证明具有前瞻性和灵活性,但它们通常并未体现一切事物都是相关联的这个理念,然而事实上又确实如此,并应循此进行管理。为了弥补这一缺陷,一些环境思想家提出,应该重新整合这些法律并制定一部大的环境保护法令,以便更好地预测非预期后果、累积风险和协同效应等问题。

水污染是施用化肥的“非预期后果”

Photo by Etienne Girardet on Unsplash

2 污染

什么是污染?

污染是指任何会产生不良影响的物质在环境中的存在。在一个地方可能完全无害的物质在另一个地方可能会造成污染。盐是海水的关键组成部分,但是当盐水进入淡水,特别是饮用水时就会造成污染,就像在卡特里娜飓风侵袭期间所发生的那样。类似地,药品是重要的医疗资源,从控制疼痛到治疗感染,有着许多用途,但是当它被处理掉而进入下水道时,就会造成污染。

污染通常与人类相关,例如由合成化学品或工厂所导致的污染。但是,污染也可能是由天然存在的物质引起的,如砷、氡和土壤沉积物,这些物质可能在没有人类参与的情况下出现在环境中。还有一些污染就是自然现象的结果,例如火山喷发造成的空气污染。然而,大部分污染来自人类活动并且可以得到控制。

污染有时很容易被察觉,从柴油公交车的排气管附近走过的人会知道它所排放的尾气是污染物。但是,大多数污染是很难被觉察的。你无法觉察土壤、食物和玩具涂料(常常被儿童摄入)中有害铅的含量;你无法品尝出你所饮用的水中有害细菌的数量;你通常不可能闻出空气中臭氧的浓度。然而,这些都是污染存在的形式。

什么是污染物？

污染物是造成污染的物质或能量（如热量、声能和辐射能）的排放物。然而，某物实际上是否是污染物并非总是一目了然的。是否应该对其进行监管则是一个更为复杂的问题。要确定这些问题，首先要对疑似污染物可能带来的风险加以评估。其次，要确定该风险是否大到令人担忧且最终须加以监管（风险管理）。例如，噪声和光线有可能是污染物，但通常它们不受监管，即使人们有很好的理由这样做。此外，科学家和政策制定者常常在以何数量或水平来判断对污染物的监管是否合理方面存在分歧，因为这可能取决于污染物所在的位置。少量的

在河边钓鱼的人

Photo by Carlos Grury Santos on Unsplash

细菌在偏远的森林或溪流中可能不会对人产生危害，但是在瓦尔登湖(Walden Pond)或者洛蒙德湖(Loch Lomond)这样的游泳水域或饮用水源中，则极有可能是有害的。最后，一旦某物被确定为受监管的污染物，所需的控制措施可能看上去花费很大且不切实际，特别是对于企业而言。是否有可行的技术来控制特定的污染物？是否存在监管污染物的成本阈值？应该设置成本阈值吗？这些关于如何识别和监管污染物的问题，需要综合考虑科学和政策因素之后来回答。最终结果将是被称为“污染物”的物质在某些方面受到限制和监管。

什么是持久性有机污染物？

持久性有机污染物是有意合成的化学品(如滴滴涕、多氯联苯、狄氏剂等)或无意中产生的工业及燃烧副产物(如二噁英和呋喃)。由于它们具有重大且已被证实的风险，包括作为内分泌干扰物产生的作用，因而在全球范围内引发了极大的担忧，并受到了异乎寻常的监管关注。上述风险基于四个令人不安的特征：第一，持久性有机污染物在环境中持续存在，有时可长达几个世纪。第二，它们随着不同的环境介质进行长距离迁移。例如，它们已在距离已知来源数千英里的北极被发现。第三，它们在脂肪组织中蓄积，因此小剂量暴露可能会通过蓄积形成有害的健康效应。第四，它们随着食物链被生物积累。

多氯联苯是类似二噁英的物质，长期以来广泛用于电气行业，是一种持久性有机污染物。多氯联苯聚集在底泥沉积物中(同其他有类似化学性质的物质一样)，并且已经使很多河流的底部退化，其中包括纽约的哈得孙河，这条河多年来一直是大规模清理措施的清理对象。

持久性有机污染物是吸引国际关注的少数几种特定环境污染物之一。《关于持久性有机污染物的斯德哥尔摩公约》是由联合国发起的国际条约，2004 年开始生效。该公约的目标之一是消除持久性有机污染物，从 12 种污染最严重的污染物（被称为“肮脏的一打”）开始，清理旧的持久性有机污染物库存以及含有它们的设备。这些目标虽然尚未实现，但在全球范围内已有实质性进展。

前面提到了“肮脏的一打”中的几种污染物，以下是完整名单：艾氏剂、氯丹、滴滴涕、狄氏剂、异狄氏剂、七氯、六氯代苯、灭蚁灵、毒杀芬、多氯联苯、二噁英和呋喃。

什么是内分泌干扰物？

内分泌干扰物是干扰内分泌系统的物质，而内分泌系统分泌的激素负责调节整个身体。内分泌干扰物与生殖和发育问题（特别是在产前阶段）、某些癌症以及神经影响（包括认知障碍）有关。内分泌干扰物包括许多合成化学品，其中几种实际上无处不在，出现在塑料瓶、玩具、化妆品、食品金属容器和药品等常见的消费品中。这些合成化学品也出现在饮用水源中。例如，高氯酸盐是火箭燃料的一种成分，已经在供水系统中被发现，并且由于其对甲状腺功能的潜在影响而备受关注。

什么是生物积累和生物放大？

生物积累是指生物体从水或食物中摄入化学物质并不断

浓集的现象。已污染水体中的化学物质常常在原生动物、小鱼和大型鱼类体内积累;陆地上的化学物质则在植物体内积累。这些化学物质的浓度随着食物链从低营养级向高营养级移动而增加——也就是说当较大型捕食者吃掉较小型猎物时,就会出现生物放大的现象。1997 年的一项研究发现,加拿大北部的驯鹿体内的多氯联苯含量比它们吃的地衣中的含量高出 10 倍以上,在驯鹿的捕食者狼的体内,多氯联苯的含量又比驯鹿体内的高 6 倍。当环境中的这些化学物质通过一定的途径进入我们所食用的鱼类、动物和蔬菜体内时,生物积累和生物放大会加剧它们对人类和其他物种的影响。

化妆品中也可能含有内分泌干扰物

Photo by stux on VisualHunt

我们如何知道污染的安全水平?

其实我们根本无法知道。有人会说,任何一种已知的致癌物或其他有毒物质造成的任何水平的污染都是不安全的,因此就应该禁止使用。尽管在极少数情况下确实会采取这种做法,比如滴滴涕就是一种被禁用的致癌物,然而大多数政策制定者认为广泛采用这种做法是完全不切实际的。更常见的做法是想办法确定会产生危害的暴露剂量,并据此对污染物进行监管。例如在美国,环境保护署已经设定了饮用水中特定污染物含量的国家最高限值,含有特定污染物的湖泊和河流的推荐水质标准,以及空气中有害污染物的国家排放标准。其他国家也有类似的标准。这些污染限制假定,虽然污染物可能是有害的,但它们在这种限定水平上所具有的风险是可以接受的。

还有许多污染物的安全水平尚未确定。要么我们对它们(比如纳米污染物)知之甚少,要么我们还没有设置可靠的安全阈值。例如在美国,1976 年通过《有毒物质控制法》时,市场上仍有 62000 种化学品未经检测。截至 2011 年,美国环境保护署仅要求检测其中约 300 种化学品,而目前其中只有 5 种受到该法案的监管。事实上,这项法案多年来一直被认为是不充分且过时的。最终,在 2016 年,美国国会通过了重要的众议院和参议院的改革方案,并由总统奥巴马签署而形成了法律文件。

什么是噪声污染?

噪声是不必要的、令人不愉快的或不安的声音。除其他影响外，它还会影响睡眠、干扰谈话、导致与压力有关的疾病恶化，并导致听力受损。美国国会于1972年通过了《噪声控制法》，并于1978年通过了《宁静社会法》，确认了噪声是一种污染。但是在美国，联邦政府对噪声污染的控制不够有力。在里根政府时期，国会停止资助联邦减噪活动，并将责任转移到州和地方政府。美国环境保护署在减少噪声污染方面的作用有限，主要通过传播信息和参与研究发挥作用。其他地区的政府已经着手解决噪声污染问题，其中包括欧盟，它颁布了《欧盟环境噪声指令》。虽然存在噪声法，但人们通常只通过非正式协商（例如，在噪声扰民者与被扰者之间协商）解决问题。

什么是光污染？

人为天空辉光（也叫人工白昼）是一种人们熟悉的光污染，它是由许许多多城市和郊区的人工光源导致的。加州理工学院的帕洛马天文台是著名的海尔望远镜所在地，这里曾产生过许多有关宇宙的重要天文发现。科学家们在20世纪30年代选择帕洛马山区农村作为天文观测点，原因之一正是这里有远离城市光源的黑暗天空，能够观测到遥远的星系。如今，加州理工学院和帕洛马天文台担心南加州持续而快速的城市化将会导致人为天空辉光增加，以致天文台研究观测的效率大大降低。它们正在与附近的各级政府开展合作，以降低人为天空辉光的影响。在20世纪初的晴朗夜晚，人们很容易看到银河系主宰着夜空。对于地球上的大多数人来说，这种景象已经不再可能看到了。地球上超过50％的人口现在居住在城市，那里的星光被灯光遮蔽了。那曾经启发凡·高的“星夜”，对我们中的许多人来说已经消失了。事实上,美国林务局(US Forest Service)将繁星点点的夜空确定为保护区的重要组成部分,就如同对待一个濒危物种。

其他常见的光污染形式还有眩光,它是可以产生致盲效应的未被屏蔽的人造光,可以造成光入侵,意指不被需要的人造光侵入了别人的空间,比如商业照明灯光照射到了附近人家的卧室。

光污染不仅对天文学家和大自然爱好者造成了影响,也严重扰乱了野生动物和人类的昼夜节律,例如,使鸟类迁徙模式变得混乱,以及诱发人类睡眠障碍和相关的健康问题。由于人工照明在全球能源消费总量中占了大约 1/4,因此它也是能源

人工光源或可导致光污染
Photo by motointermedia on VisualHunt

的主要消费者,与全球关注的气候变化密切相关。

与其他许多类型的污染不同,光污染相对容易减轻。灯光对于安全以及它所提供的愉悦感与基本舒适度来说固然重要,可是人类总倾向于过度照明和低效照明。如果灯具有适当的遮挡(比如朝下的路灯一般配有灯罩),只有必要时才使用,并且配有节能灯泡,就可以大幅度减少光污染,而且不会牺牲灯光所提供的许许多多好处。

什么是纳米污染?

也许最好从“纳米技术是什么?”这个问题开始解释,因为纳米污染是其副产物。纳米技术是研究纳米尺度范围内的粒子的科学和工程。(1 纳米为 10^{-9} 米;作为参照,人的一根头发的直径约为 2.5 纳米。)这是一个发展迅速、前景光明、回报丰厚的领域,市场上有至少 800 种应用纳米技术的商业产品。本书的大多数读者很可能在防水织物、化妆品、运动器材、食品和医疗器械等产品中遇到过一种或多种纳米产品。纳米技术在污染控制方面有很好的应用前景。纳米技术可能是革命性的,就像它可能给计算机技术带来好处一样。

问题在于,尽管有理由认为这些极小的颗粒可以深入人体和其他生物体内造成破坏,可是我们对纳米污染物的潜在有害影响仍知之甚少。我们呼吸和进食时可能摄入纳米污染物。另一个途径是通过皮肤吸收,例如,从我们使用的含有纳米颗粒的防晒霜中吸收。科学家相信这些颗粒可能会破坏重要的人体内部机制,如 DNA 作用机制。尽管存在严重的问题,但它们的制造和使用并未受到实质监管。在环境保护方面情况常常如此，我们在介入监管之前，似乎总在苛求高度确定其将产生危害。比如，石棉直到被确认与间皮瘤相关之后才受到监管；滴滴涕直到被确认与毒理作用有关后才受到监管；而气候变化直到其影响被实际观察到，才开始引起其所需要的关注。

是否以及何时介入监管某种污染物或污染，是环境政策关注的主要问题。我们是否应该等到明确检测到危害后才采取行动？或者我们是否可以在明知风险评估工具太过粗略而无法预测多种危害的情况下，只是因为怀疑某种物质或活动未来可能对我们有害就采取行动？我们往往，至少历史上是这样，在没有足够信息时就假定某种物质无害，并准许其进入市场，进而进入我们的环境，直到发生不良事件。这种方法带来的后果正是蕾切尔·卡森在《寂静的春天》中所讲到的。继《寂静的春天》出版后制定的环境法律就是对已经发生的不良事件做出的司法响应。事实上，大多数环境法律都是保守的：它们通常是对污染的后果做出响应，而不是预测或预防污染。然而最近，被称为预防性原则的反补贴环境政策观已然出现，纳米污染问题可以应用该原则来解决。

预防性原则是什么？

预防性原则是这样一种理念：即使没有充分的科学确定性，只要是对环境有一些潜在危害，就需要采取行动。反过来理解就是，缺乏明确的危害证据不应成为拒绝降低风险的借口。换句话说，预防性原则就是不让某些事物在被怀疑的过程中产生利益，也就是正如常识所说的那样：谨慎有余要好过追悔莫及;凡事要三思而后行。许多国家已经将这一理念作为政策框架,许多国际环境协议中也出现了这一理念。例如,1992年联合国环境与发展大会通过了重要的《里约宣言》,将以下内容作为其原则之一:“为了保护环境,各国应按照本国的能力,广泛适用预防措施。遇有严重或不可逆转损害的威胁时,不得以缺乏科学充分确实证据为理由,延迟采取符合成本效益的措施防止环境恶化。”预防性原则在美国并不通行。鉴于纳米污染的潜在危害,预防性原则得以应用于此,这将鼓励各方对科研和监管措施进行更多的投资,以防止出现意外的健康和环境损害。如果我们在有助于缓解气候变化的行动上应用预防性原则,或许我们就不用面对可怕的全球气候条件。

批评者认为,抛开其他因素,预防性原则扼杀了创新,并且在没有确切依据的情况下限制了利润丰厚的市场。如果预防性原则被全面应用于每一种潜在的有害化学品,情况就可能是这样。但事实并非如此,相反,预防性原则鼓励在适当的情况下寻求经济有效的替代方案和预防措施,而不是寻求从生产点到利润点的最短路径。

例如化学品双酚 A,被认为是内分泌干扰物,但具有多种用途,包括用于生产多种塑料瓶,如盛水和冲泡婴儿配方奶粉的塑料瓶。美国疾病预防控制中心在进行 2003—2004 年全国健康与营养调查时,发现在 6 岁及以上人口的 2517 份尿液样本中有 93%的样本可检测到双酚 A。双酚 A 是否有害?危害程度如何?这是全球范围内大量研究、监管困局和辩论的主题。监管机构应允许双酚 A 在被怀疑的过程中产生利益吗?还是应该遵循预防性原则?前者是一种在美国普遍采用的方法，而后者在欧洲一些国家似乎是大势所趋。

什么是最危险的污染物？

鉴于我们对周围许多污染物缺乏了解，所以我们不可能回答这个问题。纳米污染物是较危险的污染物吗？谁知道呢！除了持久性有机污染物外，我们所知道的一些最危险的污染物包括光化学烟雾、化肥、已知的致癌物和其他有毒化学品，以及导致气候变化的温室气体。

3 环境法

美国的环境法是什么?

在美国,环境法包括两部分内容:由国会和州立法机构为解决环境问题而制定的法案,以及援引这些法案解决环境纠纷产生的法律判决书。如今二者的数量都很庞大。地方法律也会影响环境保护,尽管其涉及的地理范围较小,但是却可能对当地及其他地区产生巨大影响。例如,区划法规决定了发展模式,这种模式影响车辆的使用,并最终影响化石燃料的排放。环境法既涵盖人们所期望的主题,如水污染和空气污染,也涉及其他问题,如机场跑道的选址和塑料瓶回收。

环境法是相对较新的一种法律,美国第一部重要的法案是在20世纪70年代颁布的。大约在同一时期,美国的法学院开设有关环境法的课程,大型律师事务所设立了专门的环境法务部门,法官开始在州和联邦法院(包括美国最高法院)处理有关环境的争议事件。

环境法是独特而不寻常的,有别于几乎所有其他领域的法律,它主要是应对人类活动对自然界的影响,而不是个人、产权或社会等问题。虽然制定环境法的初衷往往是保护人类免受污染,但是其主要目标却并非人类,而是湿地、野生动物、树木、土壤、海洋、河流和空气。这种奇怪的导向给立法者和法官带来了新的麻烦,迫使他们面对一些难以回答的问题。例如,因石油泄漏而退化的海岸线的货币价值是多少?能否为拯救濒临灭绝的物种而阻止一个利润丰厚的住宅开发项目?什么人可以在法庭上代表注定将遭受气候变化危害的子孙后代的利益?

美国宪法关于环境保护有什么说法?

其实什么都没有明说。就像许多其他法律所保护的并且许多美国人所拥护的基本价值、权利和特权(例如民事权利)一样,环境在美国宪法里并未被提及。这就带来了挑战,因为包括联邦环境法在内的所有联邦法律,都需要以宪法为根据以确保其合法性、可执行性和强制性。法院会驳回缺乏宪法根据的法律。幸运的是,宪法赋予国会的一些特定权力,特别是州际贸易管制权为此提供了支持。多年以来,众所周知的"商业条款"(Commerce Clause)已被用作环境法的宪法根据并得到了美国最高法院的支持。根据商业条款,美国国会不仅可以管制货物的州际流动,还可以管理影响州际贸易的事项。因此,纯粹的州内事务如果对别的州有影响,即使这种影响看起来很小,美国国会也可以对此加以管制。例如,作为美国国会保护州际贸易以避免其产生污染的更宏大目标的一部分,商业条款授权美国环境保护署对各州内和现场的危险废物进行管制,并授权美国鱼类及野生动植物管理局对一些濒危物种进行管理,因为哪怕其栖息地只局限在一小块区域,它们对跨州境的生物多样性和类似价值也有影响。商业条款所涉范围反映了复杂且不断演变的法律问题,这些问题对联邦枪支管制法律和《平价医疗法》等重要国家法律产生了重要影响。在环境法方面,它仍然是坚实的宪法根据。据以支持环境法的其他宪法条款包括征税和支出、订立条约以及管理公共土地等。

州宪法通常包含与美国宪法不同的条款。为了与联邦法律中环境保护这一有价值的元素保持一致,伊利诺伊州、蒙大拿州、夏威夷州和宾夕法尼亚州等几个州的宪法中都出现了环境保护条款。例如,宾夕法尼亚州规定,该州的“公共自然资源是所有人,包括未来的子孙后代的共同财产。作为这些资源的受托人,联邦应当为了全体人民的利益而保存和维护这些资源。”

美国国会为什么制定环境法?

在1970年1月的国情咨文中,美国总统理查德·尼克松说:“我们一直认为空气是免费的,但是清洁的空气不是免费的,清洁的水也不是免费的。污染控制的代价很大。由于我们过去多年的粗心大意,我们欠了自然界一笔债,如今该还债了。”尼克松不是环保主义者,但他是一位睿智的政治家。他的话反映了环境思想家和政治家所阐释的价值观,受到有选举权且人数日益增加的中产阶级的拥护,并且被新闻所报道的严重的环境灾难所推动。美国举国上下对军事-工业综合体持怀疑态度(尼克松的前任德怀特·艾森豪威尔曾经警告过),进步人士拉尔夫·纳德(Ralph Nader)在其《任何速度都不安全》一书中也表露了对大企业谋取商业利益的哀叹情绪。这一背景促使美国国会为未来十年采取了前所未有的行动,也迎来了1970年4月22日第一个地球日。令人难忘的两党合作促使美国通过了许多重要的环境法,尤其是与21世纪第二个十年美国国会在全球重大的环境问题上的僵局相比,更显得难能可贵。

在实践层面上,尼克松和国会议员都明白,环境问题首先就不是一个地方问题。它跨越州界,存在于空气和水中,甚至存在于诸如汽车这样的产品中。这些资源和产品需要一个只有国会才能提供的公平的经济竞争环境，否则，如果新泽西州和纽约州以不同的方式来管理工厂排水，经济如何能够运转？又怎么可以在密歇根州要求工业企业采用花费高昂的技术治理空气污染的同时，亚拉巴马州为同类企业提供监管通行证以吸引它们入驻呢？这些问题并不简单，但环境法在这些问题的处理上走了很长的路。环境法花费十年之工，将环境保护从最初的地方和全国的偶然关注转变为全面的联邦管控。

美国最重要的环境法是什么？

尽管其他法律也以重要的方式助力环境保护，但是，美国最重要的联邦环境法是《国家环境政策法》《清洁空气法》《清洁

被垃圾污染的海岸沙滩
Photo by Dustan Woodhouse on Unsplash

水法》《资源保护和恢复法》《安全饮用水法》《濒危物种法》以及《综合环境响应、赔偿与责任法》(又称《超级基金法》)。美国环境保护署拥有一个优秀的在线数据库,包含了美国的环境法和相关信息。

这些法律中的大多数采用"命令与控制"方法。它有三个要素:美国环境保护署(或一个州)颁布的强制性法规;企业、市政当局、其他大型实体以及个人服从这些法规;针对违规行为进行处罚。这些法律通常假设污染是一种既定事实,要加以管理而不是完全消除。例如,《清洁空气法》和《清洁水法》并不阻止污染,反而"许可"污染。制定这些法律的前提是污染会发生,政府的工作是找到污染的安全水平,并且向工厂(主要对象)和其他企业或机构发放许可证,允许它们在安全水平限度内排放污染。同样,美国联邦危险废物法的标题是"危险废物管理",而不是"危险废物预防"或其他类似的术语。这些政策都导向某些特定的显著后果,重要的是大量污染的持续存在及其可接受性。这种假设本来可以通过一套去污染或最小化污染的法定要求来扭转,允许在无法以合理方式实现预定目标时,将污染和废物管理作为后备措施。然而,这并不是美国国会所做的选择,尽管它偶尔会将这些可替代的假设编进法典,但通常是为了附和新兴的可持续原则。1990 年出台的《污染预防法》就是一个这样的例子,然而,这部法案以及类似的法律几乎都缺乏强制性要求。

这些法律贯穿了其他三个主题。第一个主题是联邦机制。美国国会希望联邦政府制订污染控制计划,但各州政府迟早会接管。因此,联邦与州之间的紧密关系是这些法律的基础。其结果便是，现在大多数州都肩负实施和强制执行联邦的空气、水和固体废物控制计划的主要责任。在这种情况下，美国环境保护署仍置身于幕后进行监督，并在适当情况下偶尔介入针对州内违法者的执法行动。

第二个主题是公众参与。美国所有主要的环境法都含有此项内容：在影响环境的计划、法规和其他重大联邦行动成为最终决策之前，强烈要求公民（包括企业和公益组织）进行评议。一方面，尊重公民参与促进了公众参与并提高了许多联邦行动的质量，同时也增加了公众对这些行动的接受程度。另一方面，尊重公民参与就需要留出公众质疑期并对公众质疑进行回应，这就会延缓针对重要环境问题的行动。但是，总而言之，有力的公众参与已被证明是这些法律的具有积极意义的特点。几乎所有环境法中的“公民诉讼”条款的相关规定都为公民参与提供了另一条重要途径。这些规定实质上使公民能够站在政府执法者的角度，针对违反环境法者采取行动。这些规定还使公民能够在政府机构未能采取法律规定的行动时，对其提起诉讼。这样的例子有“进度诉讼”，它通过将美国环境保护署置于受法院监督的进度安排中，迫使其颁布了此前未能按国会要求的时间颁布的法规。

第三个主题是，这些法律通常不仅关注环境，而且关注“人类健康与环境”，这是在环境法规、规章和政策中反复出现的话语，表明了在保护环境的背景下保护人类健康的重要性。

什么是美国《国家环境政策法》？

美国《国家环境政策法》不同于《清洁空气法》等其他环境

法，它并不直接控制任何主要污染物，相反，它建立了一个决策机制，全面审视主要联邦行动计划对环境的影响。

该法案覆盖范围极广，不仅包括政府直接采取的行动，例如建立军事基地；还包括由政府许可、资助或允许的行动，例如高速公路项目、输电线路以及机场建设与扩建。正如一位学者所说，美国《国家环境政策法》“使公众参与制定环境政策合法化”，其主要手段是在拟订此类行动计划时尽早编制一份环境影响报告书，以便考虑替代方案和征求公众意见。受制于环境影响报告书程序的一个知名项目是美加拱心石石油管道项目，该项目拟建一条从加拿大通到美国得克萨斯州的石油管道，需要获得美国总统许可(2015 年 11 月被巴拉克·奥巴马总统否决)。美国大多数州有类似美国《国家环境政策法》的法案。全球有超过 100 个国家已经仿照美国《国家环境政策法》采取了某种形式的环境影响评价措施，这进一步证明了美国《国家环境政策法》的效力。

美国《国家环境政策法》之所以重要，还有其他原因。首先，它是 1970 年 1 月 1 日由尼克松总统签署的最原始的环境法，因此人们普遍认为是它迎来了“环境十年”，并且为此后制定的法律奠定了高调的基础。它以“国会的目的宣言”开篇：“宣示国家政策，促进人类与环境之间的充分和谐；努力推动防止或消除对环境和生物圈的伤害，增进人类健康和福祉；充分了解生态系统和自然资源对国家的重要性；设立环境质量委员会。”该政策包括满足“美国当代和后代人的社会、经济和其他需求”，这是对保护当代和后代人免受环境退化影响的责任的重要承诺，这一点在气候变化背景下尤为重要。

其次，它要求考虑所有的环境影响，而不只是某种环境介质或某些污染物的影响。这是一个重要的观点，不幸的是其他大多数环境法中并没有坚持这个观点。大多数环境法是独立的、相互分离的，破坏了一个关于环境的基本事实：一切事物彼此都是相关联的。充分有效的环境保护需要全面解决环境问题，而不是一个一个地解决。美国《国家环境政策法》至少在一定程度上认识到了这一点。

美国环境法是否保护美国原住民的土地和人口？

美国约有 5600 万英亩[①]（相当于密歇根州的面积）的土地为各印第安部落和个人所拥有。这些土地大部分是保留地，其中面积最大的保留地是纳瓦霍族位于亚利桑那州、犹他州和新墨西哥州的 1600 万英亩土地。美国原住民与美国政府之间的法律关系复杂且不断演化，其历史往往是悲惨的，这还只是一种轻描淡写的说法。有关美国原住民的法律同样复杂。后文需要在理解这个前提的基础上去阅读。

在美国，部落拥有独立的主权。部落可以自治，但要在国会限定的范围内。因此与其他国家不同，在美国，部落的主权是不完整的。相反，正如 1831 年美国最高法院在切诺基族诉佐治亚州案（Cherokee Nation v. Georgia）中所陈述的，切诺基族是受联邦政府管辖的“国内依附族群”，其所受限制在美国政府与印第安部落的条约中、在近年颁布的国会法案和指令中有所体现。这种关系的一个重要特征是美国联邦政府与印第

① 1 英亩≈0.40 公顷。——译者注

安部落之间的信托责任，这一责任被视为美国联邦政府有法定强制义务去保护部落的权利和财产。多年来，这一责任已经变得非常不平衡。事实上，到20世纪70年代，联邦政策已经从力求征服美国原住民演变为维持政府对政府关系了，目标是建立伙伴关系和提供支持。这种政府对政府关系在环境法中得到了越来越多的体现。

印第安部落在其所保有的法定权利范围内，可以在部落领土上执行自己的环境法。美国大多数联邦环境法，例如《清洁水法》和《清洁空气法》，都以"与州相似的方式"对待联邦承认的部落，并且部落可以像州政府一样，承担起实施联邦环境计划的责任，体现出适当的权威。此外，美国联邦政府为部落环境计划提供了有限的资金。一般而言，除非美国国会另有特别规定，否则部落不受地方和州环境法的约束。

这种法律架构为部落提供了管理自然资源的机会，这些资源在经济、宗教和文化上对其而言都很重要。然而，许多美国原住民生活在贫困和资源匮乏的环境中，使得部落即使得到一些用于此目的的联邦基金的拨款，也难以实施和执行环境保护措施。此外，财政拮据的保留地会吸引一些企业从事有经济效益但会带来环境问题的经营活动。例如，保留地之外的废物管理公司在部落土地上处置固体废物和危险废物，可能会为部落带来经济效益，但同时也可能带来环境问题。这样的保留地之所以会吸引这些公司，是因为这些公司在这里面临的环境限制可能要比在某个特定州宽松，而且这样的保留地所处的位置远离产生废物的城镇，于是，部落土地就可能成为垃圾倾倒场。

美国环境法是否过时了?

简而言之,过时了。美国国会已有近 20 年没有认真讨论这个问题了(除了最近的《有毒物质控制法》修正案,这是一部重要的联邦环境法)。自从 20 世纪 70 年代通过主要的环境法以来,美国已经出现了一些重大的环境问题。气候变化、水力压裂法开采天然气、纳米污染、非点源污染,以及许多给美国甚至全球带来压力的其他问题,当时并未列入议程。就像一艘仍然穿梭于水上的旧划艇一样,美国环境法提供了很多环境保护所需的内容,但它们亟须升级。幸运的是,它们具有灵活性,因此能够解决许多当前面临的问题。一个典型的例子就是气候

美国法律为部落提供管理自然资源的机会
Photo by Boudewijn Huysmans on Unsplash

变化。美国国会并没有涉及气候变化的重要立法。奥巴马政府认识到美国作为气候问题的主要贡献者迫切需要采取行动,根据《清洁空气法》使用已有的权力来减少已知会影响气候变化的污染物。比如,美国颁布了相关法规来减少尾气排放和发电厂污染物排放。

法院也可以提供帮助。例如,《资源保护和恢复法》(联邦危险废物法规)授权美国环境保护署采取行动,用法律措辞来说,就是去解决"即将发生的实质性危害"。法官将此语解读为:将来可能发生的危害,并不仅仅是指严重的突发事件,如有毒物质泄漏到河流中这种严重的事件。这种司法解释使得清除许多危险废物场地成为可能,这些场地并不构成日常意义上的直接威胁,而是由于贮存危险废物的桶会变得很老旧,其中的危险废物会慢慢泄漏到饮用水井中而构成潜在威胁。对法律措辞不断做出解释很重要,法院经常(但并非总是)要加急完成任务。但显然,不能指望由法院去解决环境法框架中存在的所有缺陷。如果美国要在环境保护方面继续进步,国会就需要采取行动。

其他国家的环境法面临着什么情况?

除了阵容强大的国际环境条约、公约等,许多国家还通过了各种各样的环境法,其中一些广泛涉及空气污染、水污染和废物处理等。这些法律的范围、目标和监管权力的分配各不相同。此外,其他国家的许多环境法也在不断变化,其实施和执行程度差异很大。有些国家与美国不同,它们在宪法中明确规定了环境权利,但这些权利并不一定会进一步转化为法律。

尽管美国在20世纪70年代成了环境法的全球主要领导者,但其他国家自此以后已经走到了前列。例如,在欧洲,德国绿党在20世纪80年代成为德国联邦议院的进步环保组织,并很快与其他政治团体一起,在议院形成了一股统一的政策力量,通过德国联邦立法敦促严格的环境管制。其他欧洲国家,特别是荷兰和丹麦,有环保进步主义历史。瑞典和芬兰等国家表现出了类似的领导力。欧盟自身制定了重要的法规,包括针对特定污染物的特定空气质量标准。欧盟鼓励成员国制订计划以确保它们遵守这些标准。欧盟还通过其执行机构欧盟委员会制订“环境行动计划”,其中第七计划旨在指导直至2020年的欧盟环境政策。

在亚洲,日本自20世纪60年代末以来已经制定了全面的环境法。日本于1993年颁布的《环境基本法》出于对可持续性和子孙后代的关注,对解决城市污染和大规模生产与消费等复杂环境问题加以更有力的控制。1994年,日本制订了环境基本计划,其中包括执行《环境基本法》的长期目标。印度于1974年和1981年分别颁布了关于水和空气的法案,并于1986年颁布了《环境保护法》。2010年,印度设立了国家绿色法庭,以迅速处理环境案件。中国在2014年大幅度修订了在1989年通过的《中华人民共和国环境保护法》,以应对此前几年经济快速增长而造成的污染的急剧增加。《中华人民共和国环境保护法》的修订内容包括对违法行为进行更严厉的处罚、提高公众意识的条款,以及允许非政府组织上法庭起诉污染者。这些变化符合中国“向污染宣战”的声明。

这些仅仅是世界各地应对环境挑战的重要政府活动的几

个例子。环境保护的成效很大程度上取决于特定国家执行法律的能力。政府制定的法律看似很强大,但是它可能在这样的整体政府环境中运作:缺乏资金和监管人员,基本宪法权利和公众参与尚不完善,健全独立的司法机构等管理架构尚未完全建立。

各国的努力,成功或不够成功,除了为本国提供环境保护外,也是国际环境条约的重要基础,没有这些努力,这些国际条约也将失效。

4　环境保护与地球村

环境保护是全球关注的问题吗?

是的,这是相对较新的进展,大体上是沿着20世纪后期的现代环境运动的轨迹发展而来的。1945年的《联合国宪章》没有提到环境保护,尽管它列出了其他重要的社会价值。直到20世纪70年代,国际上对环境问题最多只有一些零星的关注,其中很大一部分还是关于保护捕捞权以及有价值的鸟类和哺乳动物等事宜的。但从那时起,国际社会不断加快步伐,联合起来解决全球环境问题,许多独立国家也有合作。其原因包括地球人口增长的压力,各国经济上的相互依赖性,一些严重的环境灾难和重大的科学发现,以及对环境问题本身的全球性的更深刻认识。

有没有国际环境法?

有,事实上,国际环境法如今是国际法这个更宽泛的主题(国家间关系的规则和规范)中最具活力的分支之一。它正在迅速发展,伴随着一系列难以理解的协议、声明、协定、条约、公约和框架等文件。签订条约是各国应对国际环境问题的最常见手段。条约就像合同一样,赋予当事各方特定的责任。可是,谈判者在试图达成在其本国内具有约束力的协议时常常遇到障碍。于是,国际法中出现了被业内人士称为"软法"的行为规则,即比法律更具指导性的协议。软法(例如声明和宪章)遵循地球村所共享的准则,尽管它们在国际法院不具有强制力,但是可以作为全球环境价值的重要指南,也可以作为一些国家期望某个国家采取何种措施的重要指南，同时也是在谈判桌上借以保持灵活性并绕开僵局的一种工具。如今，地球村充斥着各种国际环境法。然而，鉴于让各国就复杂环境事务达成一致如此困难，太多已被证明要远好过太少。

联合国在全球环境保护中的作用是什么？

联合国发挥着至关重要的作用，部分原因是它是唯一提供论坛以便各国可以参与环境议题的国际组织。这并不是说联合国完全适合承担这项任务，因为事实上也不是如此。然而，联合国凭借其庞大系统的相关组织，一再采取主动行动，促使各国在日益紧迫的国际环境问题上开展合作。这符合《联合国宪章》，其宗旨之一就是促成国际合作，以解决属于经济、社会、文化及人类福利性质之国际问题。

1972 年在斯德哥尔摩召开的联合国人类环境会议，为随后开展的许多活动确定了方向。这次会议首次将环境问题正式纳入国际法和国际政策之中。该会议决定设立联合国环境规划署，其使命是“激发、推动和促进各国及其人民在不损害子孙后代生活质量的前提下提高自身生活质量，领导并推动各国建立保护环境的伙伴关系”。

联合国环境规划署总部设在内罗毕(肯尼亚首都)，反映了发展中国家在国际环境领域的突出地位。正是在这里，联合国于 1982 年召开了一次后续会议，接着于 1992 年在里约热内卢召开了联合国环境与发展会议。1992 年的这次重要会议又被称为地球峰会，是一项宏大的活动和任务，有 178 个国家参加并就生物多样性和气候等新出现的重大问题达成协议。这次会议还制定了包含27项原则的《里约宣言》,其中包括关于可持续发展的原则,以及被称为《21世纪议程》的前瞻性行动计划文件。随后于2002年在南非约翰内斯堡召开的可持续发展世界首脑会议,回顾了地球峰会召开以来取得的进展。2012年,联合国再次在里约热内卢召开会议,即“里约+20”会议,以继续全球对话并重申国际社会对解决国际环境问题的承诺。

重要的是要认识到,联合国的环境保护相关会议、公约和条约远比上述概述的要多得多,其中包括其他众所周知的文件,如《蒙特利尔议定书》(全称《关于消耗臭氧层物质的蒙特利尔议定书》)和《京都议定书》,以及最近关于气候变化的《巴黎协定》。这些成果是通过始于1972年并持续到现在的庞大而

地球上的日出
Photo by skeeze on VisualHunt

持续的思考过程而组织在一起的,来自世界各地的数千人参与其中,包括世界各国政要、科学家、非政府组织和私营企业代表。大部分会议成果被记录在一页页严谨的文件中,从高技术含量的文档到综述,摞起来竟高达 30000 英尺[①]。

达成全球环境协议的主要障碍是什么?

全球环境问题是由那些存在利益冲突、权利差异和不同观点的国家共同解决的。全球环境问题面临许多挑战,其中比较重要的一个挑战是试图让约 200 个国家就所有事情达成一致意见,更不必说解决那些影响全球环境的混乱的问题了。参与国的国内政治也很重要,且不可避免地使国际协议的进程复杂化。另外还有三个障碍:国家主权、动机以及发展中国家与发达国家之间的差异。

第一个障碍是国家主权。如今,环境问题本质上是国际化的,需要国际化的解决方案,人们对此已有充分理解。但是,真实情况是,几乎每个人(除了一些游牧的土著居民)都坚决主张国家主权是至高无上的,甚至是神圣的。国家是自由的,也就是说,它有权按照自己的意愿做任何事情,包括开采、保护或毁坏其境内的自然资源。因此,国家利益——经济的、军事的、文化的、安全的和环境的,以及受到严密保护的国家特权(不受其他国家监督或管制),常常导致全球利益变得微不足道。国际化解决方案奏效的前提是利害攸关的国家利益涉及国与国之间的相互依存关系。世界面临的环境保护局面就属于这种情

① 1 英尺≈0.30 米。——译者注

况。例如,碳排放是导致气候变化的主要原因,减少碳排放涉及每个人的利益。但是,如果涉及一国对其他国家实行控制(和强制执行),对某些国家造成一些负面经济影响——也就是说,当主权受到破坏时,协议可能会失效。《里约宣言》就是这种紧张局势的例证。它的开篇事关全球,"认识到我们的家园地球的大自然的完整性和互相依存性",接下来却是看似矛盾的说法:"各国根据《联合国宪章》和国际法原则有至高无上的权利按照它们自己的环境和发展政策开发它们自己的资源,并有责任保证在它们管辖或控制范围内的活动不对其他国家或不在其管辖范围内的地区的环境造成危害。"不对"其他国家或不在其管辖范围内的地区的环境造成危害"的责任,是一种有用的限定。它要求国与国之间在本质上成为好邻居。但是,主权远比责任重要。在许多极为重要的全球环境协议中,这种保护主权的明确要求一次又一次地被重复,有时是逐字逐句地被提出。

第二个障碍是动机。设想一下,如果印度不会减少碳排放,那么美国为什么要减少碳排放?一个贫穷但盛产大象的国家,停止出口象牙这种主要出口产品的动机会是什么?当大象践踏庄稼时,为什么当地居民还要支持这种禁售令?

第三个障碍是发展中国家与发达国家之间的差异。只要国际社会一直在努力解决国际环境问题,这个障碍就会一直存在。这涉及一个非常棘手的问题:发展中国家应该在多大程度上牺牲本国的发展来保护环境,以及发达国家应该在多大程度上帮助发展中国家。

是否应该要求发展中国家帮助解决环境问题?

显而易见,答案是肯定的:我们都生活在同一个环境中,因此,让某些国家比其他国家做更多的事来解决我们已经制造并且将继续制造的环境问题是不公平的。正是基于这样的论调,小布什拒绝签署《京都议定书》,因其将发达国家列入限制温室气体排放的计划表中,而不将发展中国家也列入表中。然而,在表面之下,情况更加复杂,这也是为什么小布什和美国在京都的立场令世界各国如此错愕。2016 年生效的《巴黎协定》比《京都协定书》更加巧妙地解决了其中一些问题。

第一个问题是公平问题。人们普遍认为发达国家对全球环境问题负有主要责任。2000 年,发达国家的人口约占全球人口的 1/5,但它们产生的污染物占世界总量的 4/5,能源和矿产资源消费量占全球总消费量的 4/5。公平地说,污染者应该为其所造成的污染支付相应的份额来解决问题或补偿他人。

第二个问题是贫穷问题。发展中国家不同程度地深受其困,并且许多人认为,由于这些国家后殖民时期国力衰微以及发达国家直接和间接地造成其资源和福祉持续损耗,它们更加贫穷了。以 1989 年通过的《控制危险废物越境转移及其处置巴塞尔公约》为例,这是一个重要的国际条约,在解决发达国家越境在发展中国家处置危险废物的问题上取得了有限的成功。条约是必要的,因为严重依赖从危险废物处置中获得收入的贫穷国家,缺乏合理处置这种不安全材料的基础设施。发展中国家面临着极度贫困,而且往往缺乏强有力的环境法和执法机构，同时提供廉价的劳动力，因此很容易遭受剥削，产生负面的环境后果。尽管一些经济学家对这种“污染天堂假说”的经验基础提出了质疑，但很多证据表明了其合理性。此外，面对食品和清洁饮用水等其他迫切需求，环境只是一个次要关注点，较贫穷的国家根本无力保护它。对于一个富裕且有环保意识的美国人来说，当地居民烧毁部分生物多样性丰富的热带雨林似乎是不负责任的，希望美国公司来开发雨林以获取自然资源同样是不负责任的。但在人口不断增加而需要农业用地的国家，毁掉热带雨林来种植庄稼可能是当务之急。对此问题，英迪拉·甘地在1972年斯德哥尔摩联合国人类环境会议的演讲中说道：

> 贫穷及其需求难道不是最大的污染者吗？例如，除非我们有能力为部族民众及那些生活在丛林中的人们提供就业机会和日用品购买力，否则我们无法阻止他们为了木材和生计而砍伐森林、偷猎和毁坏植被。当他们自己感到被剥削时，我们怎么可以敦促他们保护动物？对于那些生活在农村和贫民窟的人，当他们自己的生命在源头受到污染时，我们怎么能够开口让他们保持海洋、河流和空气的清洁？在贫困条件下，环境无法得到改善。

第三个问题是发展问题。公平意味着发展中国家应该能够发展，它们的工业化邻国应该帮助它们关注发展对环境的影响，因为这些工业化国家对我们现在陷入的困境负有很大的责任。自联合国人类环境会议以来，国际社会已认识到发达国家与发展中国家之间的这种不适感。联合国人类环境会议和联

合国环境与发展会议的秘书长莫里斯·斯特朗(Maurice Strong)在 1991 年发表了如下讲话:

> 在 1972 年的斯德哥尔摩联合国人类环境会议上,发展中国家深感担忧的是,它们对发展和减轻贫困的首要需求,可能随着工业化国家越来越关注污染和其他形式的环境退化而受到偏见或制约。过去,同样的经济增长过程为工业化国家带来了前所未有的进步和繁荣,同时造成了今天这样的环境困境。来自发展中国家的一些与会者表示,如果他们的国家迫切需要的经济增长不可避免地伴随着污染,那么,他们将会欢迎污染。

这三个相互关联的问题——公平、贫穷以及尚未充分工业化的国家的合理发展目标,意味着鉴于较富裕国家曾经在全球环境退化方面发挥了关键作用,用其资源和资金支持贫困国家是合理的。这三个问题还表明,帮助发展中国家,不仅需要使用过去采用的办法,而且需要采用可持续发展原则提供的新方法,因为可持续发展的概念已被许多国际环境协定所接受。

国际贸易与环境之间有什么联系?

2015 年,缅甸蟒因《纽约时报》的一篇题为《正在吞噬佛罗里达的蟒蛇》的文章上了头条。据报道,这种长可达 20 英尺,重可达 250 磅[①]的蟒蛇,正肆虐着佛罗里达大沼泽地,它吞食

① 1 磅≈0.45 千克。——译者注

几乎所有动物，因而改变了这个丰富而重要的生态系统。然而，人们或许还记得这种蛇在 2009 年制造的新闻，当时一条 8 英尺长的宠物蟒咬死了一个 12 岁的孩子。缅甸蟒是一种外来入侵物种，通过宠物贸易来到美国。奥巴马政府最终禁止进口蟒蛇，其原因不言而喻。

引入入侵物种——从水果中的小虫到缅甸蟒，是国际贸易与环境保护之间的诸多直接联系之一。其他直接联系包括船舶和飞机横跨海洋运输货物造成污染；危险废物从一个国家流向另一个国家，在目的地国家这些废物可能被接受为有用物质；最近出现的危险电子废物（例如手机、笔记本电脑和平板电脑）被从较富裕的国家运往较贫穷的国家。

但是，间接联系可能会产生更大的影响。在没有严格环境

工业制造会加速产地的环境污染

Photo by Lenny Kuhne on Unsplash

控制和用工成本低廉的国家生产商品成本比较低。跨国公司可能会在那里落户，在生产的过程中制造污染，并且拥有一支比其母公司所在国家的用工成本低廉得多的工作队伍。

尽管自由贸易协定得到了经济学家的普遍支持，但是，它会加速污染并造成其他负面社会影响，因此已经受到了批评。例如，环保组织反复抨击《北美自由贸易协定》。这些批评包括：工业企业落户墨西哥并蓬勃发展造成当地的空气污染加剧；削弱了墨西哥当地农民的优势，使得他们竞争不过那些严重依赖有害于环境的农药和化肥的外国农业企业。《北美自由贸易协定》也因将环境合作协定降格为不具约束力的附录而受到谴责。当然，这个故事还有另外一面：《北美自由贸易协定》的支持者认为，它使得签约国更加富裕，因此最终减少了污染。他们认为，在环境责任方面，《北美自由贸易协定》的“胡萝卜”效应和该协定推动各签约国建立的伙伴关系比强制执行的“大棒”效应更有效，并指出《北美自由贸易协定》在北美自由贸易区环境合作委员会下设立的程序是一个充分的执行机制。自由贸易协定《跨太平洋伙伴关系协定》同样在受到支持者捍卫的同时，受到了环保主义者的批评。

哪些国家在环境保护方面表现较好?

一个国家的相对环境绩效取决于许多因素，其中较重要的因素是经济状况。此外，一些重要的环境绩效指数尚不易获得。对于那些对排名感兴趣的人来说，较为著名的是尽管不完善但受到高度重视的环境绩效指数（Environmental Performance Index，EPI），它分为 11 个政策类别：空气质量、饮用水与卫生、水资源、农业、渔业、生物多样性与栖息地、气候变化、生态系统功能、重金属、废物处理、污染物排放。这 11 个政策类别符合以下两个政策目标之一：环境健康和生态系统活力。尽管环境绩效指数目前可用的数据不足，需要更好的测量系统，但环境绩效指数发布机构仍依上所述每两年发布一份全球环境绩效指数报告，对参评国家和地区进行排序。瑞典在历年排名中较为靠前。

瑞典采取的是渐进式环境政策。例如，瑞典因将公共资金用于研究和开发环境技术、从可再生资源中获取能源，以及回收罐头盒和瓶子甚至衣物等物品而引起关注。瑞典还在全球气候变化谈判中发挥领导作用。

美国是环保领域的全球领导者吗？

2020 年，美国的环境绩效指数在全球各国和地区中排名第 24 位。当前，它不是一个明确的全球领导者。这是不幸的，因为它是一个经济发电机，是全球环境的主要污染者，并且通常被称为世界上最强大的国家。然而，美国曾经不仅仅是一个领导者，也是全球环境保护领域的领导者。现代环境运动发端于美国：美国是像蕾切尔·卡森这样的开拓者的家园，美国国会颁布了第一批现代国家环境法，这些法律成了世界其他地区的典范。美国总统尼克松大力支持联合国努力将环境纳入国际关注。快进到 1992 年：乔治·H. W. 布什需要美国国会的推动才能出席重要的联合国环境与发展会议，这是联合国历次会议中出席的国家元首最多的一次，而且他没有签署这次会议诞生的极其重要的《生物多样性公约》。在比尔·克林顿的领导下，美国再次加强环保，签署了《京都议定书》，但随后小布什领导下的美国几乎完全退出了环境保护领域，无论是在美国国内还是在国际上。例如，小布什拒绝批准《京都议定书》（批准意味着同意受其约束，签署不代表许下承诺），并拒绝在其任职期间承认气候变化或造成气候变化的人类活动是一个重大问题。尽管美国是危险废物的主要产生者，但是美国仍然不是1989年通过的《控制危险废物越境转移及其处置巴塞尔公约》的缔约方。虽然小布什政府与其他缔约方在开放签署时间内签署了《关于持久性有机污染物的斯德哥尔摩公约》，但美国并不是已经批准该公约的国家之一。由于美国参议院的顽固，奥巴马政府在应对气候变化方面进行了艰苦的斗争。事实上，《巴黎协定》旨在避免美国参议院批准这一要求，因为谈判代表明白，在美国参议院获得批准是不可能的。但是也有例外，2013年，美国成了重要的《关于汞的水俣公约》的第一个缔约方。该公约旨在逐步消除空气、水和土壤中的汞污染，因为汞污染有许多不利影响。

5 水

为什么清洁的水很重要?

以固态(冰)、液态(水)和气态(水蒸气)这三种形态存在的水,占据了地球表面70%的面积。人体内水分重量占体重的比例超过60%。在地球拥有的全部水中,超过97%是咸水,另有2%是永久性的冰,只有大约1%的液态淡水,其中大部分还蕴藏在地下。当水清洁的时候,它是生命维持剂,的的确确是必不可少的。然而,当水被污染时,情况可能相反:它会威胁到生物个体、群落和整个物种的生存。

人类每人每天需要摄入2~3夸脱[①]水才能生存,因年龄、性别以及生活地点不同会略有差异。人类摄入的水大部分来自饮用水,还有些来自食物,而食物本身就需要大量的水才能生长。地球生态系统的繁荣需要大量来自海洋、湖泊、河流和地下径流的水。水调节气候,承载养分循环,并且消除和稀释废物。

水常被称为"通用溶剂",因为它比其他任何液体都能溶解更多种物质。水还是一种绝佳的交通载体,不仅适用于人,也适用于污染物。因此,它可以溶解污染物,将其输送到远离污染源头的地方,并将其分散到广阔的水域。水一旦进入生物体,例如人体,作为血液和其他体液的重要成分,就会以相同的方式发挥作用,并且可以高效地输送营养素和污染物。

通常,我们以为水存在于海洋、江河、湖泊和溪流中,其实

① 在美国,1夸脱≈0.95升。——译者注

许多湿地也应进入这份清单。还有其他一些重要的含水自然体，例如流域、地下水和含水层。

什么是流域?

流域不是水体。它是一个汇水区域，是将降雨和其他来源的水汇入特定水体的陆地区域，因此应重点加以保护。流域可以很小，汇入一条溪流；也可以非常大，汇入湖泊、江河或者海洋。小流域可能汇入较大的流域。世界上最大的流域是亚马孙河流域，面积约 270 万平方英里[①]。美国大陆最大(也是世界第四大)的流域是密西西比河流域，覆盖了从阿勒格尼山脉(北美洲阿巴拉契亚山系西北部的分支，延伸于美国宾夕法尼亚州、马里兰州、弗吉尼亚州和西弗吉尼亚州境内)到落基山脉约 120 万平方英里的土地。

流域可能会对其受纳水体产生巨大影响。而且，我们每个人都生活在一个流域中，所以我们所做的一切，从给草坪喷洒除草剂，到我们将夏季别墅的污水排入附近湖泊，都会影响流域的水体。由于这些原因，在美国，全流域管理(holistic watershed management)被越来越多地用在全国重要水域的保护中，诸如密西西比河、大西洋中部地区的切萨皮克湾，以及汇水范围跨越佛蒙特州、纽约州和加拿大魁北克省的尚普兰湖。在国际上，与美国一样，流域保护有各种形式。例如，为了保护向厄瓜多尔首都基多的 250 万人供水的流域，人们已设立了基金来支持当地社区，并帮助它们开展流域保护实践。

① 1 平方英里≈2.59 平方千米。——译者注

什么是地下水?

地下水是地表以下的水,实际上无处不在。地下水是在土壤、砂土和地下岩石中聚集的淡水,有时在很深的地方,例如地表以下数百英尺的沙漠地下水;有时在接近地表的地方,例如你在沼泽地漫步时可感觉到的水。在非常深的地下并没有贮存太多地下水,地球重力过大导致基岩过于密实,因而无法储水。但是地下水的储量依然巨大,远远超过地表河流和湖泊的储水量,因此地下水是一种主要的水资源。地下水也是水中污染物渗透到土壤中的运输载体。因此,地下水是水污染和水体保护的一个非常重要的方面。地下水特别容易受到非点源污

沼泽水域

Photo by skeeze on VisualHunt

染,这些污染先是沉积在地表,然后穿越地表向下迁移。鉴于地下水是全球大约 25 亿人口的唯一水源,同时也是饮用水的主要来源(几乎世界一半的人口以及美国一半的人口都依赖它),因此地下水污染尤其令人担忧。

什么是含水层?

含水层是蕴藏地下水的区域。这些天然的容器可以是或大或小的孔隙,或者可能更像海绵,这取决于形成含水层的岩石或砂土的种类。由于它们可以得到精确定位,并能保有大量非常清洁的地下水,因此,含水层是贯穿人类历史(包括现今)的中心事物,影响着人类定居点的选择,以及农业活动。

举例来说,黎巴嫩贝鲁特市因其石灰岩含水层而得名:它的名字在古黎巴嫩的腓尼基语中意为水井,指的是至今仍然支撑该城市的地下水。事实上,中东最初的大部分定居点是由其地下水的位置决定的,其未来的福祉也可能仍然取决于深层砂岩和石灰岩含水层,例如位于乍得、埃及、利比亚和苏丹的古努比亚砂岩含水层系统,这是世界上最大的化石含水层。之所以称其为化石含水层,是因为其地质起源是前寒武纪(这个时代在大约 5.7 亿年前结束),并且它是不可再生的。水资源匮乏的国家正在积极开采努比亚含水层,就像开采石油等资源一样。在一些地区,含水层的补给率很低,在另一些地区补给率则为零。

美国的奥加拉拉含水层位于西部 8 个州的地下,占地约 17.4 万平方英里。奥加拉拉含水层花了数千年的时间才充满了水，而如今的消耗速度远远大于补给速度。奥加拉拉含水层为美国中部高原地区(非常重要的农业区)提供了大量的水资源，主要用于灌溉。美国另一个重要的含水层是位于得克萨斯州中部的爱德华兹含水层，面积约4000平方英里，是大约200万人的主要供水源。

显然，如果要含水层继续提供饮用水和灌溉用水，其补给速度必须大于消耗速度。并不为众人所知的是，枯竭的含水层在盐水入侵中发挥了作用，当大量的地下水从近岸含水层中被开采后，地下水向海洋的自然流动就会发生逆转，导致盐水侵入地下水，使地下水无法使用。在美国，位于南卡罗来纳州、佐治亚州以及北佛罗里达州沿海的佛罗里达含水层是主要的饮用水源。美国地质调查局报告了佐治亚州不伦瑞克市超过2平方英里范围的盐水污染，这正是对水的需求不断增加引起的盐水入侵造成的。同样，美国地质调查局报告，洛杉矶县南部的盐水入侵危及附近的含水层，该含水层为大约200万人口提供了约60%的饮用水。盐水入侵是一个全球性问题，威胁着被用来满足日益增长的人口的用水需求的含水层。仅举一例，在菲律宾马尼拉，马尼拉湾附近的含水层遭受盐水入侵已受到越来越多的关注。

什么是水污染?

水污染是指污染物进入水体后对人类、其他物种或该水体所支撑的生态系统造成危害的现象。某一特定水体是否被视为受到了污染，取决于其预期的用途、水体中有害物质的含量、有害物质造成的危害程度以及有害物质停留的时间。相同的化学废物泄漏，进入一条快速流动的河流与进入一个水库会产生不同的后果。尽管人类活动是水污染的最主要原因，但水质可以被地震等自然过程或者砷等天然存在的化学物质所改变。水污染的经典迹象是河流中鱼类的突然死亡，或者使用同一供水井的社区形成有统计学意义的腹泻报告。

极少量的物质可能会导致水污染。事实上，水污染物的质量浓度通常以百万分率(10^{-6})、十亿分率(10^{-9})甚至于万亿分率(10^{-12})来计量。可能造成污染的盐的质量浓度以百万分率计量。淡水中盐的质量浓度低于 1000×10^{-6}。海水中盐的质量浓度约为 35000×10^{-6}。二噁英是一种剧毒化学品，美国规定饮用水中其上限为 30×10^{-15}（尽管实际上认为只要大于零就是不安全的）。有些物质甚至当其浓度在传统监测技术的检

某处被污染的地下水

Photo by v2osk on Unsplash

出限之下时仍是危险的。

湖泊、河流和海洋等地表水体接收来自软管、沟渠以及其他固定管道的水污染。这些固定管道排放的废物通常来自工业设施或污水处理厂。这些管道被称为“点源”,并且在过去半个世纪一直是污染控制措施的主要焦点。然而,分散的污染源正受到越来越多的关注,污染物往往被雨水或积雪所收集,随径流进入地表水体和地下水。这些分散的污染源被称为“非点源”,包括农业垃圾、过量的肥料、除草剂、杀虫剂,以及来自道路、停车场、机场跑道、加油站路面等场地的油和脂。大气沉降物(例如酸雨)虽然经常被归类为空气污染物,但也被认为是非点源水污染物,因为它可通过雨滴或雪花捕捉空气中的有毒气体和微粒,使其在水中沉降。

水污染为什么是一个问题?

主要原因是水污染会威胁生活在受污染水体中的物种,污染人类饮用水和灌溉用水,通过生物积累在食物链中聚集毒素,并可能传播疾病。在被污染的水中洗澡、游泳或进行其他娱乐活动通常也是不安全的。2016 年夏季奥运会举办城市里约热内卢接到了原计划在该城市受污染的海湾参加比赛项目的选手们的诸多投诉,选手们担心他们不仅要和其他选手抗衡,还要与污水和漂浮的垃圾(还有健康后果,如果他们倾覆并吞下一些水的话)抗衡。世界卫生组织估计,每年有 200 万人因不安全饮用水和相关卫生条件差而腹泻并死亡。水污染也是导致水资源短缺的一个主要因素,而水资源短缺是一个日益严峻的全球性问题,特别是在发展中国家。水污染影响着全球的生态系统，正如在重大石油泄漏事故后拍摄到的事故对动植物的危害所显示的那样，尽管连续的工业排放和其他排放对自然界的影响至少同样显著。

水污染物主要有哪些种类？

水污染物的分类方法有许多种。下面是主要的七类水污染物：营养素、病原体、沉积物、有毒化学品、塑料、废热以及其他新兴污染物。接下来的问题答案中对这七类水污染物有所描述，其中一些描述有交叉。

营养素如何引起水污染？

营养素是促进生长的物质，是水生环境的重要组成部分。营养素过剩的现象被称为富营养化。当发生富营养化时，营养素就成为水污染物，这种现象时有发生。氮和磷是导致富营养化的主要营养素，它们也是商业化肥中的关键成分。在水中，它们通常浓度不高。在浓度过高时，它们会导致某些植物物种特别是藻类快速生长。人类引起的富营养化是全美乃至全球水污染的主要原因之一，并且随着气候变暖，水体变暖，其可能还会加剧。当湖泊和池塘等水体在漫长的岁月里慢慢老化时，富营养化也会自然发生，并产生良性效应。

什么是水华？

藻类是健康生态系统的关键成员。但是，发生水华现象时,厚垫子般的藻类会通过阻挡其他物种所需的阳光和使水生生物窒息而对其所在的淡水或海洋生态系统造成严重破坏。它们可以破坏航运和休闲娱乐活动。当造成水华的藻类腐烂或死亡时,降解过程会耗尽水中的氧气(导致缺氧状态),而水中的常栖生物也离不开氧气,因此有时就会形成大范围的死区。全球许多海洋生态系统中都可以找到死区,例如,墨西哥湾存在着一个巨大的死区,这个死区目前威胁着那里的渔业和休闲产业。这个死区是北美洲最大的,也是世界第二大的死区,美国国家海洋大气局在 2014 年测量出其面积约为 5000 平方英里。在地球的另一边,澳大利亚的水华历史悠久、涉及范围广,2009 年的一次水华就沿着墨累河绵延了数百英里。中国的黄海经常发生水华。在欧洲,主要的水华经常发生在波罗的海。

水华会对水生生态系统造成破坏

Photo by Ivan Bandura on Unsplash

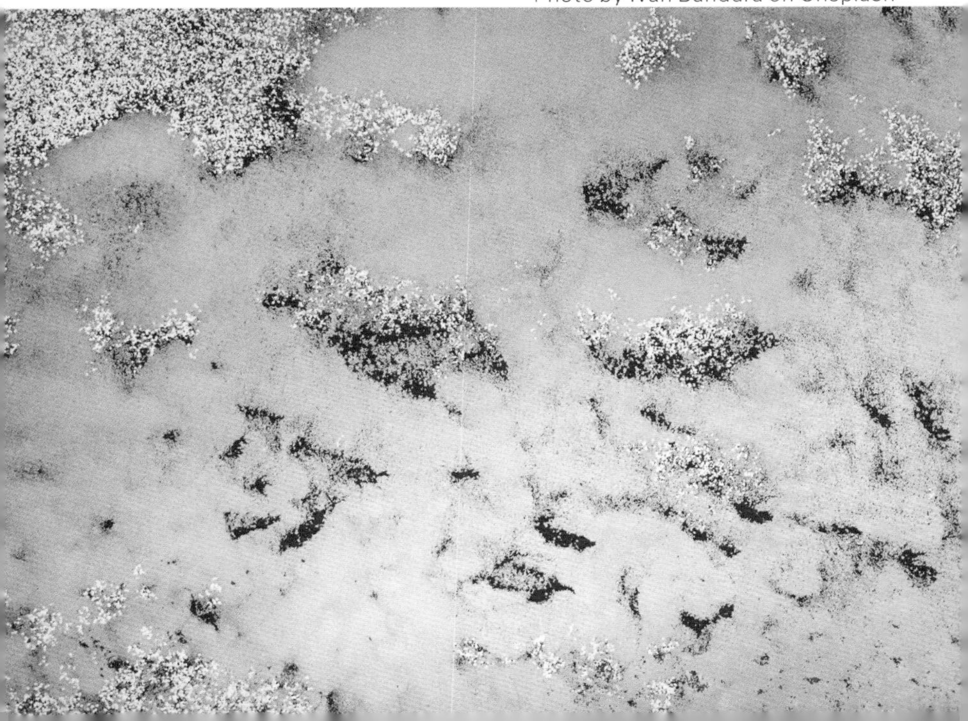

水华也可能会产生极其危险的毒素,如蓝藻细菌,可能让人和动物生病甚至死亡。这样的水华被称为有害水华。像其他水华一样,有害水华与过量的营养负荷密切相关。例如,2014 年 7 月,俄亥俄州托莱多市约 40 万居民被告知他们的饮用水是不安全的,因为该市饮用水源伊利湖被暴发的水华所释放的一种毒素污染了。佛蒙特州卫生局维护着一个关于壮丽的尚普兰湖水华的互动网站,该湖泊偶尔会因为水华而禁止游泳。臭名昭著的赤潮是有害水华的又一例证。沿佛罗里达海岸以及缅因州海岸偏北处经常发生赤潮,多年来已经造成大量鱼类死亡,同时也令游泳者出现不适症状。水华现象并非美国所独有,比如智利南部最近就遭遇了严重的水华暴发。发生水华的水体可能呈蓝色、亮绿色或棕色,也可能呈红色,并且可能看起来像有油漆浮在水面上。它们也可以是无色的。

过量的营养素是如何进入水生环境的?

毫无疑问,营养素的主要来源是大规模的农业肥料和动物排泄物。这些具有产业规模的农业作业中投入的数量巨大的农药、杀虫剂和肥料,会直接或间接地进入地表水或地下水中。集中动物饲养场通常产生高浓度的氮和磷,这是造成富营养化的主要原因。粪肥中含有喂食给牲畜的生长激素、抗生素和其他合成化学品(存在于在饲养场外生产的饲料中),同时还有携带疾病的病原体。这些影响反映在农业作业的规模上:美国审计总署报告,一个拥有 80 万头猪的大型饲养场每年可生产 160 万吨粪肥,这约是费城相同时段内产生的废物的 1.5 倍。奇怪的是,费城需要处理污水,但这个饲养场并不需要处理牲畜粪肥，尽管一些营养素和其他物质的管理要求适用于集中动物饲养场。

农业污染物被雨水和侵蚀作用塑造的径流所携带而进入河流和地下水，最后汇入更大的水体。例如，墨西哥湾是巨大的密西西比河流域大部分农业废物的最终受纳区，该流域位于美国农业中心地带，覆盖了41%的美国大陆，如图5.1所示。这些来自许多州的农业废物被冲入江河和冲沟，加重了这些水体的污染，并且这些水体都汇入密西西比河，其下游就是墨西哥湾的受纳水域。实际上，墨西哥湾发现的氮有70%来自俄亥俄河与密西西比河交汇口的上游地区。

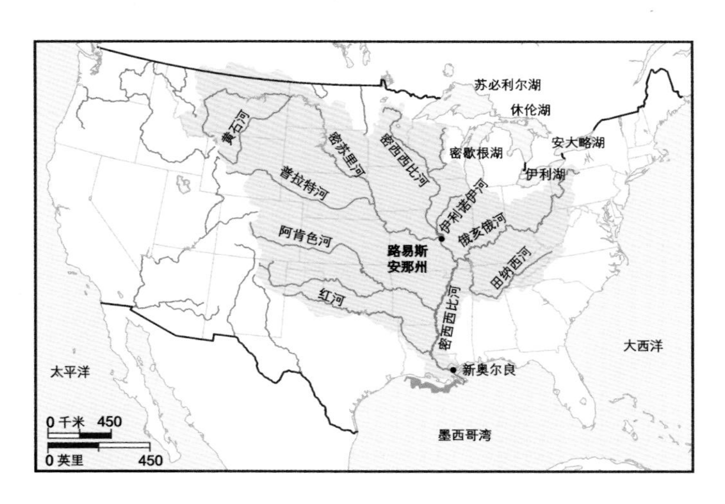

图5.1 密西西比河流域与墨西哥湾的关系。新奥尔良南部的深色区域代表一个巨大的死区，或者说缺氧区，是由密西西比河流域的营养污染物造成的。

资料来源：美国环境保护署水务局。

但是大规模农业并不是污染的唯一贡献者。密西西比河流域还受纳城市和郊区营养丰富的径流与地下水，这些地方排放了草坪用肥料、狗粪和化粪池出水等污染物。

什么是病原体？

病原体是能使宿主致病的微生物。它们可以是细菌、病毒或微小水生生物（如原生动物），主要来自未经处理的污水和其他排泄物。它们可以出现在几乎任何地方：饮用水中、游泳池内和溪流里，日托中心幼儿的手上和他们拿的玩具上。除了腹泻和其他可控的症状外，病原体还会引发许多严重的疾病，其中包括霍乱、痢疾、伤寒和肝炎。病原体每年都会导致大量儿童死亡，尤其在发展中国家。发达国家虽然采取了监管措施，但是原虫病暴发也相当普遍。例如，美国偶尔会出现贾第虫病和隐孢子虫病暴发，这两种原虫病会导致肠痉挛和腹泻等症状。在看似良性的情况下人们也可能会被感染——甚至当人们浸泡在潺潺的溪流或放满热水的浴缸中时也会被感染。

下面是近年发生的两个病原体导致疾病暴发的例子。2010 年，海地在刚刚遭受了大地震的袭击后暴发了霍乱疫情，一年之中造成约 6500 人死亡，47 万人患病，这是近代史上最严重的霍乱疫情之一，也是一个世纪以来海地首次发生的霍乱疫情。霍乱每年导致全世界约 10 万人死亡。2015 年 2 月，乌干达政府宣布以首都坎帕拉为中心的地区暴发了伤寒疫情。截至2015 年3 月，约有 2000 个疑似病例被报告。发展中国家每年约有 2150 万人感染伤寒。在海地和乌干达，受污染的饮用水已被确认是关键因素。疾病暴发并不限于发展中国家。据估计,美国每年约有5700人受霍乱影响。1993年,威斯康星州密尔沃基市水生隐孢子虫病暴发,导致至少40万人患病并扰乱了该市及附近居民的日常生活、工作。

为什么沉积物是水污染物?

沉积物是泥土和其他物质的颗粒,它们悬浮在水中,随水迁移或者沉淀在水体的底部。沉积物之所以会成为污染物,主要有三个原因:首先,过多的沉积物进入水体会让水变昏暗(浑浊),从而阻挡水生植物进行光合作用所需要的阳光,这常常会导致水生植物死亡。其次,它们可以使水生生物窒息:想象一下鱼鳃被沉积物堵塞的情景。再次,也许是最重要的,它们常常进入已经被沿途污染物污染的水域。水体的底部是许多水生动物如蛤蜊、贻贝和螃蟹的家园,受污染的沉积物在这里可能对水生动物造成致命的伤害。如果这些沉积物中的污染物发生生物积累(许多污染物的确如此),这些污染物也可能伤害位于食物链上游的动物,如捕食小型物种的鳟鱼、鲈鱼和鲑鱼等。食物链的更上游的物种,如海鸥和秃鹰等捕食受污染鱼类的野生动物,也会受到伤害。在食物链的顶端,就轮到人类受到他们所食用的鱼类体内积累的(通常是通过生物放大积累的)污染物的伤害。虽然泥土,特别是来自被急流河水所侵蚀的河岸的泥土会自然地进入水中,但是大部分进入水中的泥土来自人类活动。最主要的例子是农田耕作、建筑推土和伐木毁林。沉积物有时也来自空中,大气沉降作为非点源污染就特别难以控制。

哪些化学品是最有害的水污染物?

任何一种化学品,以足够多的数量出现在错误的地点时,都可能成为有害的水污染物。有些化学品是合成化学品,它们中有一类是被称为持久性有机污染物的特别危险的化合物。有些化学品是自然形成的,如汞、铅和砷,这三种化学品是谋杀谜案中最常出现的毒药。但是,这些污染物主要存在于工业废物中,例如在悲剧性的水俣湾汞灾难中就如此。这次灾难是20世纪中叶,当地一家氮肥厂多年向水俣湾倾倒废物,造成水俣湾居民慢性汞中毒的事件。它被认为是史上最重大的水污染公害事件之一,也是最具环保教育意义的事件之一。

水俣湾居民因食用了含有有毒甲基汞的鱼而生病。从1932年到1968年,涉事氮肥厂将含汞化合物倾倒入海湾。到20世纪50年代,居民中出现了汞中毒导致的严重神经影响和先天缺陷,包括瘫痪、言语障碍和惊厥,在整个20世纪70年代甚至更晚的时候,这样的病例仍然持续出现。数千人被诊断为汞中毒,现在被称为水俣病,并且许多人因此死亡。水俣病说明了三个重要的事实:首先,汞是一种危险的神经毒素,其毒性随着它在生物体内的生物积累和生物放大而不断增强;其次,人类通过所吃的鱼而暴露于汞污染;再次,即使母亲身上并无症状,发育中的胎儿也可能会受影响。国际社会在2013年通过了国际条约《关于汞的水俣公约》,对水俣公害及其教训做出了响应。

美国环境保护署有一个包含126种水污染物的优先控制

污染物名单，名单中的化学品被限制排入水中，这个名单有助于识别有害水污染物。但是，该名单只包括美国环境保护署能够通过可靠方法检测出的那些化学品，遗漏了大量日益受到关注的潜在危险化学品。这些潜在危险化学品已经获得了一个不祥的称号——“新兴污染物”。还有其他一些名单，例如欧盟列出的 33 种优先控制污染物的名单。

什么是新兴污染物？

人类正在以惊人的速度研发新的化学品：用来给头发和指甲染色、洗碗和衣服、刷牙、止疼、抗感染等的化学品。我们对其中许多化学品的环境影响知之甚少；同样，许多化学品并非

指甲油中可能含有新兴污染物
Photo by Element5 Digital on Unsplash

新的化学品，我们对其也不甚了解，然而我们仍然将其排入了地球水体，包括饮用水水源。对于这类化学品，无论是新的还是旧的，我们所知非常有限，以至于不清楚它们对环境的影响（于是我们有了恰当的理由不去对其加以管制），尽管我们怀疑它们的影响可能是严重的。此外，我们无法依靠传统的处理系统去除它们，因为通常我们在设计这些系统时并未考虑这类化学品。

一个例子是多溴联苯醚，它作为阻燃剂被用在家具、地毯、电气设备、汽车和其他应用设施中。它不易被生物降解，因此会持久地存在于环境中。它还会在生物积累的影响下不断浓集，而且在发达国家几乎无处不在。实际上，它可能是持久性有机污染物，也可能是新兴污染物。它可以被空气、尘埃以及水体所携带。多溴联苯醚被认为是内分泌干扰物，并与多种毒理作用有关，但是由于研究薄弱，尚无确凿证据。有一件事是确定的：它已经在人类的血清和母乳中被发现，并且一些研究表明其浓度一直在升高。美国人的血清和母乳中多溴联苯醚的浓度似乎比欧洲人的高出 3 到 10 倍。不同的国家对多溴联苯醚有不同的处理方法。例如，瑞典政府已经禁用多溴联苯醚（导致其浓度在下降），欧盟紧随其后；另外，在美国，尽管一些州已经禁用多溴联苯醚，但是联邦政府甚至没有把它列为优先控制污染物，存在监管不力的问题。美国疾病预防控制中心报告："暴露于低剂量多溴联苯醚和多溴联苯时，人类健康受到的影响是未知的。在动物研究中，这些化学物质对甲状腺、肝脏以及脑部发育都表现出了一定的影响。我们需要更多的研究来评估暴露于多溴联苯醚和多溴联苯对人类健康的影响。"如果采取预防性原则，美国对多溴联苯醚将会有更多的研究和更严格的监管。

水中的塑料是一个严重的问题吗?

是的,水中的塑料是一个逐年恶化的严重问题。随着人类越来越多地使用塑料产品,如塑料袋和塑料瓶,其中许多最终成为海滩上的垃圾,然后进入海洋——每年在480万吨至1270万吨之间[①],并且在迅速增加(除非全球范围内采取减塑行动)。一些塑料是被从船上直接抛弃的,或者是渔网和渔线的残余。塑料不易被生物降解,一旦进入海洋中就会无限期地留在那里。由于塑料非常轻,它们被洋流所裹挟,在水面漂浮、上下浮动或者刚好淹没在水面下。当被卷入旋转的洋流系统(流涡)时,它们可以积聚成一大片。北太平洋环流——太平洋大垃圾场所在地,正如其名字一样,大部分是塑料垃圾,所占面积是法国面积的两倍有余。

水中特别是海洋中塑料的主要问题是,它们会被海洋生物所吞食。许多鱼类、海龟和海鸟的胃里有塑料,或者由于摄入塑料而体内出血或受到其他伤害。另一个问题是海豹和鲸鱼等海洋哺乳动物会陷入塑料垃圾的恐怖缠绕中,这对它们来说也是致命的。

塑料垃圾仅代表被弃置于水中的垃圾中最引人注目和无

---

① 此处原文是4.8 to 12.7 metric tons,即4.8~12.7吨。经查,美国佐治亚大学的詹娜·R.詹贝克(Jenna R. Jambeck)博士与同事对被排入海洋的塑料垃圾数量做了全球性的评估,研究结果发表在2015年《科学》上,其结论是:2010年,192个沿海国家和地区可能向海洋中排入了480万~1270万吨塑料垃圾。因此,文中metric tons应为million tons之误。参见:Jenna R. Jambeck, et al. Plastic waste inputs from land into the ocean[J]. *Science*, 347(6223):768-771。——译者注

处不在的一部分。我们的海洋、沙滩、河流和湖泊被迫接受一切,从烟蒂到轮胎。好消息是我们可以通过相对简单的废物管理措施和回收来减少水中的废弃物。有些国家,例如在美国这个产生大量塑料垃圾的国家,在这方面已有一些成功经验。

废热如何造成水污染?

芒特霍普湾(Mount Hope Bay)是一个浅水河口(一个淡水与咸水,通常是河流与海湾交汇的地方),它是新英格兰南部更大的纳拉甘西特湾(Narragansett Bay)的一个分支。它地位特殊,是美国国会指定的28个"具有国家重要意义的河口"之一,部分原因是它拥有丰富多样且极具商业价值和休闲价值的

海中的塑料瓶
Photo by Brian Yurasits on Unsplash

鱼类资源。这里还建有新英格兰最大的火力发电厂,布雷顿点(Brayton Point)发电厂。多年来该厂从海湾大量取水用于冷却其设备,然后将明显变热的水排回海湾,导致海湾的整体水温提高了几摄氏度。在这个过程中,该厂还使成千上万的鱼撞到进水滤网上,并将数百万尾鱼苗吸到发电厂内。在美国环境保护署决定是否向该厂发放热量排放许可证的背景下,科学家得出结论,海湾的鱼类资源已经大大减少,很大程度是由于该厂排放废热。布雷顿点发电厂的热量或热能排放是一种污染,因为它改变了水温,显著地降低了水质。《清洁水法》在对"污染物"的定义中加入了废热,要求对废热排放进行控制。该发电厂计划永久关闭,因为就像其他许多火力发电厂一样,它面临着廉价能源的竞争,以及因适当的严格监管而增加的运行成本。

污染水体的废热通常来自像布雷顿点这样的发电厂。另一个众所周知的来源是核电站。这些还是相对容易控制的点源。不太为人所知且更难控制的非点源则是硬质表面,像街道和屋顶,水在这些地方汇集、变热,然后以各种方式排入自然环境。水体附近的森林砍伐和城市化也会因减少遮挡而加重热污染。热污染不仅对鱼类造成伤害(例如虹鳟鱼对温度非常敏感),而且对敏感海草等植物造成伤害,并且它可以通过刺激外来物种扩张和抑制本地物种生长来重新配置生态系统。人为降低温度会破坏水体和热循环。例如,当一座大坝将冷水排入下游温暖的水中,扰乱河流的生态系统时,就会发生冷水污染。

噪声如何造成水污染?

1957 年,雅克-伊夫·库斯托(Jacques-Yves Cousteau)和

路易·马勒(Louis Malle)的电影《沉默的世界》获得奥斯卡金像奖最佳纪录长片殊荣。库斯托和路易·马勒携手,将富饶美丽的海底世界呈现在公众眼前。正如电影名称所示,海底世界是一个相对安静的世界,充满了鲸鱼和海豚的微妙声音。半个世纪之后,人类活动使水中的噪声水平急剧升高,噪声污染了海洋,破坏和扰乱了那些依赖声音进行沟通、定向和交配的水生生物的生活。由于水和声波的特性,声音在水中传播得更快更远,并且声音更响。然而,与海滩上你身旁的无线电嗡嗡声不同,水下噪声与人类的音域毫不重叠,当然也就不会危害人类。

许多污染水体的噪声源,例如喷气式划艇和摩托艇,也会干扰在地面上活动的人类。其他的噪声源,如石油钻井平台和

大坝排放的冷水造成冷水污染
Photo by Tejj on Unsplash

远洋油轮，其噪声通常超出了人类的音域，所以不会给人类造成麻烦。还有一些噪声是完全隐蔽的，就像海军舰艇发射的声呐一样。2000年发生的一起由声呐引发的事件非常著名，当时有4种鲸鱼在巴哈马群岛搁浅了。经过调查，它们是因为受声呐的干扰而搁浅的。总而言之，水下噪声会产生一种危险的嘈杂声，这已经让海洋科学家担忧了几十年，却几乎没有受到监管部门的关注。事实上噪声是一种新兴污染物。

水污染的主要来源是什么？

水污染的来源有数千种。污染源清单的顶部是农业生产和工业活动。其他特别严重的污染源是污水、雨水，以及人们

含有化学品的雨水也可能成为污染源
Photo by Liv Bruce on Unsplash

日常排放到地表水和地下水中的所有化学品。机动车是众多环境问题的源头,同样也是水污染的重要源头。

污水在进入水体之前是否经过了处理?

在美国,由于强有力的联邦和州法律,如今大部分城市污水在排入河流、湖泊和海洋之前都经过了处理,通常是在公有处理工程中进行,正如在大多数发达国家的城市一样。然而,这种处理过的污水,不仅仅是我们通常所认为的生活污水。公有处理工程常常会接收不含污水但含有有毒金属等污染物的工业废水。这些废物通常需要在进入公有处理工程之前进行预处理,但有时未经预处理,或者处理得不好,其结果将是,从公有处理工程排放的处理过的废物仍可能含有各种污染物。此外,许多城市下水道系统将生活污水、降雨径流(含有油、脂和其他污染物)和工业废水混合在一条管道中,送到同一座污水处理厂进行处理,这在暴雨或暴雪过大而超出管道截流能力时会引发严重问题。为了解决这个问题,人们设计排水系统时采取了合流制溢流的设计方案,将原始的未经处理的人体排泄物、工业化学品和碎物直接排入附近水体中。在美国,超过700个城市(总人口超过4000万)拥有合流制排水系统及其周期性溢流。合流制溢流是将病原体、有毒物质和碎物排入水中的主要水污染源。因此,暴雨过后,当地的江河与溪流往往被认为对公众健康是有危害的。纽约市有460处合流制溢流,每年将大约300亿加仑[①]未经处理的污水和受污染的雨水排入

① 1加仑≈3.79升。——译者注

纽约港。其他国家也有同样的问题。例如,至少有2万处合流制溢流向英国的水域排污。

水体中有些污水来自那些根本没有接入市政污水处理系统的生活污染源,它们是小城镇的农村和郊区住宅的化粪池系统,这些系统缺乏监督检查。当系统失效或出现故障时,这些系统中的污水常常会渗入地下水。最后,有些污水,比如来自农村地区的湖边季节性度假小屋或者来自远在海上的船只的污水被直接排入湖泊、河流和海洋中。事实上,船只是污水的主要来源。在美国,将船只上未经处理的污水排放到距离岸边3英里之内是非法的——3英里之外则没有任何限制。对于大型的商业船只,在3英里范围内排放污水有一些特殊要求,休闲船只则仅需要遵循由美国环境保护署制定的管理常规,船工有责任执行这些常规。一些沿海地区被划定为禁排区,不仅未经处理的船只污水不能排放,而且经过处理的污水也不许排放。这是很好的举措,因为休闲船只的污水处理效果有限(例如,由于方法不当、游艇码头的非法举措以及船员教育不善等,污水处理效果不佳)。

相较于发展中国家的总体情况,美国的污水问题不算严重。根据联合国的统计资料,世界上约1/3的人口生活在没有任何下水道、化粪池或厕所的环境中。在这种情况下,大多数人类垃圾最终会污染地表水和地下水,在这个世界最需要帮助的地方引发公共卫生危机。

什么是雨水污染物?

雨水污染物是降雨和融雪水在流经地面时,特别是在流过屋顶、公路和人行道等不透水表面时,沿途所收集的杂质、污染物和其他物质。雨水径流通常最终汇入水体。这是导致水质变差的一个主要因素,因为大量的径流携带着大量有害污染物,汇入河流、湖泊和海湾等重要水体,并且常常未经处理。

哪些行业对水体的污染最为严重?

产业规模化的农业是许多水污染物的重要贡献者。采矿业是另外一个,采矿活动将金属携带到水体中,特别是径流中。发电厂通过冷却作业将废热排入河流和海湾。来自各行各业的其他工业点源数以千计,其中包括造纸厂、制药厂、钢铁厂、冶炼厂和电镀厂。这些点源在美国乃至全世界都受到一定程度的管制。进入地表水和地下水的污染物,大都来自上述这些行业。在发达国家,与这些行业的生产活动有关的点源排放大都得到了控制。但是,由于泄漏、污染控制误操作、违反监管要求或者由于监管体系本身的不完善,不可避免地会有大量的污染逃逸。来自上述这些行业以及其他来源的非点源污染是一个更加棘手的问题。

为什么石油泄漏如此糟糕?

水之所以是污染的重要载体,原因之一就是其作为溶剂的性质。水与石油的关系却并非如此:石油不溶于水,并且比水轻,因此带来了特殊的问题。石油泄漏后,会在水面散开并形成一层薄薄的油花或光晕。要检测浮油无须成为海洋生物学家:在码头的水面和停车场的水坑中很容易见到浮油。当石油浮在水面上时，有时会变得更黏稠并呈焦油状，部分蒸发，并慢慢分解，产生不透明的令人讨厌的浮渣。当石油黏附到像海獭这类海洋动物的毛皮上时，石油会破坏毛皮的隔水作用；类似地，石油黏附在鸟类羽毛上会破坏羽毛的防水性。当这些动物试图自己清洁身上的石油时，它们会因摄入石油而中毒。由于石油混杂着污染物进入水体中，鱼类和贝类会接触并摄入石油，从而使其器官、幼体和卵受到毒害。

石油泄漏事故的教训表明，其后果可能是长期而隐蔽的：在“埃克森·瓦尔迪兹”号油轮将石油泄漏到阿拉斯加海域三年后，当地鲱鱼渔业才崩溃，暴露于溢油中的鲑鱼胚胎才最终显现出激素紊乱。

地面上的石油
Photo by Jesse Bowser on Unsplash

由于石油泄漏的后果如此严重，美国国会在“埃克森·瓦尔迪兹”号油轮漏油事故发生后通过了《石油污染法》。石油泄漏引人注目且后果严重，并且相应地成为水生环境中石油的来源，但是这绝非唯一来源。其他重要的人为来源包括道路径流（机动车滴漏）、废机油以及许多与休闲船只有关的石油排放。来自地下的天然石油渗透也导致大量的石油进入水中。

什么是“深水地平线”钻井平台漏油事件？

“深水地平线”钻井平台漏油事件已被描述为美国历史上最严重的海上石油泄漏事件。英国石油公司“深水地平线”钻井平台坐落在距密西西比河三角洲东南约50英里处的墨西哥湾，于2010年4月20日发生爆炸，造成11人死亡，并且在87天里喷涌了约500万桶原油，直到它被封堵住。该漏油事件对野生动物、栖息地和沿海生态系统造成的破坏巨大且持久，对墨西哥湾地区经济（主要是渔业和休闲产业）已经产生了重大影响。人们为应对该事件付出了巨大的努力，数千名政府工作人员和志愿者前往该海湾进行清理，因此大部分可见的石油痕迹都被清除了。但是浮油覆盖了一块大小相当于爱尔兰国土的区域，蔓延到好几个州的海岸，在那里的海域被发现，并且滞留在海岸的沙滩和草地上，以及数百万海洋和海岸带生物的体内。所以总的清理效果难以评估，真正的生态和经济影响程度也可能永远无从知晓。

机动车如何污染水?

机动车行驶依赖汽油,这是一种化石燃料。化石燃料燃烧时会释放大量二氧化碳,这是造成气候变化以及与之相关的海洋酸化问题的主要原因。此外,化石燃料将氮氧化物和二氧化硫释放到空气中与其他化学物质混合,导致有害的酸沉降进入湖泊、河流和小溪等地表水体中。虽然酸化和酸沉降的来源很多,但汽车、卡车是主要的排放源。

机动车排放润滑剂、防冻剂和其他液体,还有化石燃料,它们落在公路、停车场上,最终可能被冲入地表水或地下水中。世界各地数不胜数的机动车使得这些不受控制而且无法量化的排放物成为严重的水污染源。

什么类型的污染物会进入下水道?

大约在1950年之前,肥皂的化学成分相对简单。兴起于20世纪中叶的石油化工重构了肥皂化学(它同样影响了许多其他日用化学品),引入了吸引人的芳香剂,以及对环境有害的磷酸盐等。如今,家用清洁剂(并非一个完全准确的术语)产生的大量化学污染物通过厨房水槽和洗衣机排入并不适合处理它们的污水系统中,以及地下水中。大多数消费者所依赖的许多其他产品,诸如下水道清洁剂、除油剂以及类似产品,在人们还不了解其清洁与污染之间的有害关系时,也最终进入了地表水和地下水中。

事实上，我们处理大量新的日用化学品（主要是合成的）的方式，不可避免地会将它们释放到我们的水体中。我们将药物排泄在尿液和粪便中，因为我们服用的药物只有一部分被我们的身体所代谢。人们已在鱼类体内发现了抗抑郁药，并且在河水中发现了对乙酰氨基酚。许多过期的药物只是被简单地倒入下水道中。外用药膏、化妆品和防晒霜会在我们淋浴时被洗掉并排入下水道，在我们游泳时则会进入湖泊和海洋。最终进入水体的家庭污染物——药丸、化妆品、清洁用品和草坪用品，其数量非常巨大，而我们目前所拥有的数据太少，不足以了解其长期的环境影响和对人体健康的影响。它们属于令人不安的一类新兴污染物。目前水污染防治中最难治理的污染物之一是从我们自己的住宅和公寓中进入环境的少量有害化学物

清洁用品也有可能变为污染物
Photo by Kristina Balić on Unsplash

质。其中许多是由新登记但尚未进行必要监管的化学品所组成的，这些化学品每天新增数千种之多。

美国如何控制水污染？

《清洁水法》的实施是美国的水体现在处于相对较好状态的主要原因，这是相较于该法案颁布之前的状况，也相较于世界上许多其他地方目前的水体状况而言的。这部美国国会在1972年通过的法律，为水污染控制建立了强有力的国家级框架，当时，垃圾、污水和浮油是湖泊、河流、池塘和海湾常见的“景观”。由于这部法律的实施，在美国我们已经看不到这种“景观”了。尽管《清洁水法》只涉及地表水（而不涉及地下水），并没有解决所有的水污染问题，并且还需要更新，但它依然是美国净化水体的关键法律。

这部法律的核心是对主要工业污染物以及市政污水排入本国地表水体所施加的限制。它要求任何公司、城镇或个人的排污行为，即所谓的“点源排放”，必须获得美国的国家污染物排放消除制度（National Pollutant Discharge Elimination System，NPDES）许可证。该许可证通常有排放限值，这是基于全行业技术标准设定的特别污染物管控条例所规定的，通常还有基于州水质标准的额外规定，旨在保护特定水体的使用价值。例如，一台电镀机将含铜废水排放到溪流中，可能会有基于技术标准的铜排放限值，但要达到为了保护溪流中特定水生生物而制定的州水质标准，可能就需要设定更严格的铜排放限值。

像其他许多联邦环境法律一样,《清洁水法》责成美国环境保护署编写条例、颁发许可证并强制执行,简而言之,就是实施国家污染物排放消除制度许可证计划。重要的是,同其他环境法律一样,它预设的是各个州将逐一承担起实施该法律的大部分责任,采用同样的或者更严格的标准,使得美国环境保护署仅保留监督责任,包括必要时强制执行。目前,几乎每个州都拥有实施和强制执行国家污染物排放消除制度许可证计划的主要权力,美国环境保护署居次要地位。

尽管《清洁水法》在应对非点源污染问题上不够给力,这是该法律的缺陷,但是该法律中有一项要求,在过去未被充分利用,而在近数年中被频繁地援引,这要归功于环保团体在30多个州所提起的诉讼。这项要求就是州政府为那些已被确认受损而不能达到州水质标准的水体设定污染物最大日负荷总量(total maximum daily load,TMDL)。最大日负荷总量决定了水体在满足州水质标准的情况下可以承受的污染物的最大日负荷量。在确定最大日负荷总量之后,还需制定改善受损水体水质的具体实施计划。最大日负荷总量可以同时解决点源污染和非点源污染问题(尽管农业等部门进行了反击,起诉美国环境保护署将非点源污染纳入了最大日负荷总量分配)。由于最大日负荷总量不能直接强制执行,必须通过其他行动计划来实施,因此其效果不如《清洁水法》的许可证计划。

尽管如此,最大日负荷总量的实施机构在重要问题上已经与监管机构和其他机构开展了合作。例如,除了大型点源排放者,水污染的主要污染源还有哪些?在回答这个问题时,一些水体的最大日负荷总量选择专注于非点源。例如,洛杉矶河的最大日负荷总量专注于人们直接抛掷并随雨水径流进入河中的垃圾,因为这类垃圾会导致非常严重的水质问题。更新颖的最大日负荷总量主要关注像汞这样的随大气沉降进入水体的污染物,间接实现了对水质有严重影响的空气排放的必要控制。水污染控制策略是否应该建立在比单一的河流、湖泊和溪流更大的水文环境的基础上,譬如流域?在本书回答这个问题时,人们已经尝试了流域方法,例如,在涉及多州的切萨皮克湾,农业非点源排放的氮、磷和沉积物是造成严重水质问题的主要污染物。特拉华州、马里兰州、纽约州、宾夕法尼亚州、弗吉尼亚州、西弗吉尼亚州和华盛顿哥伦比亚特区皆设定了针对这一问题的最大日负荷总量。

在最大日负荷总量计划中,美国国会认识到但并未完全接受这一观念:在应对来自多种环境介质的多个来源的累积影响问题时,实现清洁水目标必须采取整体性研究方法。最大日负荷总量计划设立了实验室来验证这一观念。

其他国家如何控制水污染?

许多国家都有关于水污染的法律,与美国的同类法律差不多。有些法律甚至比美国的法律更有效,有些则不然。与其他环境法一样,关于水污染的法律的效果很大程度上取决于各个国家实施和执行这些法律的能力。这是发展中国家面临的一个特别挑战,它们可能缺乏资金,政府的环境保护基础设施可能很薄弱。例如,印度自 1974 年以来就开始实施水法,但仍面临严重的水污染问题。

什么是湿地?

湿地是经常被水淹没或含水饱和的地方,足量的水经过足够长的时间影响了土壤的性质以及生活在那里的植物和动物群落的种类。湿地覆盖了地球表面约6%的面积,并且在每个大陆都存在湿地,包括南极大陆的冰下(根据那里的最新发现可知)。因其所支撑的植物种类的差异,湿地通常又被称作树沼、草沼、酸沼或碱沼,其规模可以是任意大小,从大片土地到小洼地。海洋、湖泊、河流本身并不是湿地。

湿地分为两类:潮汐型和非潮汐型。潮汐型湿地位于淡水与咸水交界混合的沿海地区,如大西洋盐沼和热带红树林沼泽。非潮汐型湿地也称内陆湿地,出现在河流沿岸、地表水与地下水汇合的低洼地区,以及干旱地区孤立的地点,例如潮湿的草地、林薮繁茂的沼泽、苔原湿地以及草原壶穴。

定义湿地是有困难的。水的存在与否并不一定是衡量一个区域实际上是否是湿地的好的指标。水饱和可能是可见的,也可能是不可见的,所以有一些湿地,包括佛罗里达大沼泽地的部分区域,经常呈干燥状态。反之,一些地区在雨后变得非常潮湿并持续一段时间,但如果缺少湿地的特质,例如土壤类型、水文和植被方面的特质,则可能并不是湿地。未铺装的车道上的水坑就不太可能是湿地。

这种定义上的困难,可以解释在2004年苦恼而满怀疑心的约翰·拉帕诺斯(John Rapanos)为什么带着一位《纽约时报》记者驾驶着吉普车颠簸地行驶在一片玉米地中,因为他原本希望将这里开发为商场。但在 1989 年,密歇根州环境质量局将这块土地的一部分认定为湿地,虽然拉帕诺斯已经将这里填充了沙子,但他的希望仍然因这里被认定为湿地而落空了。接下来的法律斗争很激烈,拉帕诺斯差点被关进监狱,这场斗争牵扯到了州和联邦法官,最终牵扯到了美国最高法院,这就是《纽约时报》会对这个事件感兴趣的原因。湿地是自然主义者与开发者之间、自由主义者和监管者之间,以及政府和企业之间发生冲突的避雷针。之所以发生冲突,是因为湿地处于陆地和水域的交汇处,可能看起来像是土地。对于约翰·拉帕诺斯这样的人来说,湿地就是一个简单的常识性概念;然而事实上,湿地牵扯到了复杂的科学问题。湿地也是我们星球表面最重要的特征之一,提供了许多保护,以抵御风暴和物种损失等

湿地
Photo by Ibrahim Mohamed on Unsplash

威胁。

什么是受监管的湿地?

在环境保护方面,一个词的监管定义可能具有严肃的经济含义、政治含义,当然,还有环境含义。由于该定义可能会产生与之捆绑的强制性的后果,因此受其影响的各方对其都感兴趣。在美国,或许没有别的环境监管术语,如同指导《清洁水法》实施的法规中所定义的"湿地"那样,有如此风雨飘摇的历史。

《清洁水法》第404条禁止填埋湿地和其他水域(溪流、湖泊等),除非从美国陆军工程兵团取得许可证。美国环境保护署和陆军工程兵团共同管理这个联邦许可证计划。为了确定需要监管的湿地是哪些区域,美国环境保护署和陆军工程兵团使用相同的基本监管定义:湿地是"被地表水或地下水淹没或含水饱和的区域,其淹水的频率和持续的时间足以让适应在水饱和土壤中生存的植被得以茂盛生长"。

这个定义已被证明是政治和法律出气筒。数年来,美国环境保护署和陆军工程兵团各自采用不同的工作流程将特定区域划定为湿地,后来终于在1989年发布的《湿地划定手册》中统一了标准。该手册使得湿地划定标准更加一致,还扩大了"湿地"定义所涉及的范围。1991年,迫于农业、石油等领域利益集团的压力,乔治·H. W. 布什政府对1989年发布的《湿地划定手册》进行了重大修订。该手册修订版大大削减了需要监管的湿地的面积,重新定义了湿地。科学界和环境界随即抨击了该定义。结果是,美国环境保护署和陆军工程兵团恢复使用陆军工程兵团于1987年制定的一份指导手册,并进行适度更新,以确定某个区域是否是需要监管的“湿地”。

2006年,美国最高法院在约翰·拉帕诺斯案中未能就《清洁水法》对“美国水域”的监管权限达成一致意见(“美国水域”是该法律的一个重要术语,特别是涉及湿地时)并将案件发回下级法院。这导致监管区同监管者一样,失去了法律指导。为了让包括环境部门在内的所有相关方权责明晰,美国环境保护署在2015年发布了一项名为《清洁水条例》的新规,重新定义“美国水域”。毫不奇怪,这一规定在多个法院受到了质疑,并且将不可避免地会反馈到最高法院,在那里,对于什么湿地(以及与其相关的水道)该受监管这一非常重要的问题,答案可能会变得更加模糊。

人们可能会对湿地监管这段麻烦的历史略感好奇。但是其影响不限于此:应该受到保护的数百万英亩湿地,还有那些补给湿地的溪流,已经被卷入一场混乱而复杂的法律纠纷之中。此外,这种法律定义上的不确定性和争议性令人沮丧,它不仅令监管机构难以执法,而且对出于商业目的在那些可能成为(或者不会成为)受监管湿地的地方开展活动缺乏明确的指导。

为什么湿地很重要?

湿地对于保护数千种动植物的自然生境、蓄洪储水、捕集污染物、为人类提供食物和休闲娱乐空间而言,是至关重要的。而且,湿地本身往往有其独特的美丽之处。

湿地有时被称为“生命的温床”,因为它们是数量众多且品类各异的物种的家园。它们提供了丰富的植被和水源,从而吸引世上一些富饶的生态系统中的陆生和水生生物。像热带雨林和珊瑚礁,它们充满了生机。湿地退化已被确认是物种灭绝的主要原因之一。

湿地也被称为大自然的海绵,因为它们能够吸收地表水和地下水并减缓其流动。这种能力对于减少洪水和土壤侵蚀尤为重要,特别是在易受强大飓风和风暴潮影响的沿海地区。例如,密西西比河三角洲的湿地的减少加剧了 2005 年卡特里娜飓风对美国墨西哥湾沿岸地区的影响。

湿地是清洁剂和滤水器。当水进入湿地时,在植物的作用

湿地稻田是重要的食物来源
Photo by Dmitry Nor on Unsplash

下，其流速会放慢。在此过程中，水中的来自道路、下水道、农业污染源以及其他污染源的污染物，沉入湿地底部或者被植物根系或土壤所吸收。当水流出湿地时，实际上已经被去除了污染负荷，变得更加卫生，可以支持动植物的生存，也可供人们饮用和游泳。在美国，数以百计的人工湿地已经建成，以去除诸如污水处理厂所排放污水中的污染物，这是一种经济的方法。

湿地也被称为地球的超级市场，因为它们是非常重要的全球食物来源。亚洲和西非的湿地稻田为数十亿人提供了稻米。密西西比河三角洲的湿地为许多美国人提供了他们所喜爱的虾、牡蛎和螃蟹。

休闲湿地的重要性早已确认。远在它们被认定为可以保护自然生境、控制洪水和污染的湿地之前，人们就在这里漫步、泛舟、钓鱼、打猎和观鸟。

尽管湿地所扮演的非常重要的角色现在已经得到了很好的了解和记录，但是情况并非总是如此。在世界上许多地方，湿地也被称为荒地、沼泽、泥炭沼泽和草沼，这些概念多少有负面的内涵(即便不是那么令人生畏)。对湿地的无差别破坏实际上并没有得到制止，通常原因是湿地在当时看上去很好。例如，彼得大帝在湿地上建造了圣彼得堡，曼谷、阿姆斯特丹、威尼斯、纽约、波士顿、华盛顿哥伦比亚特区以及旧金山等城市的主要部分都建在湿地上。

湿地是否会导致疾病?

湿地有时被指责为携带疾病的蚊子的滋生地。实际上，它们是许多蚊子捕食者——鱼类、鸟类、昆虫和两栖动物的家园，所有这些物种都有助于将蚊子种群控制在较低的数量水平。然而，湿地与西尼罗病毒(West Nile virus，WNV)有关，而这是近年才出现的全球健康问题。美国环境保护署报告说，在美国，携带西尼罗病毒的主要蚊种不喜欢健康的湿地。相反，它们更喜欢诸如庭院里容器中的死水这种人工生境，或者是因人类活动而退化了的湿地。美国环境保护署建议，为控制携带西尼罗病毒的蚊子而排空或者填埋湿地并不妥当。相反，它给出以下建议：保护湿地免于退化，避免容器积水，减少受污染水体以免其引来蚊子，以及安装并修理好纱窗。

湿地正在消失吗？

是的。国际社会普遍认为，湿地正在以惊人的速度消失。导致湿地消失和退化的主要原因是公路、住房和商业建设，采矿，砍伐森林，疏浚、筑坝和修堤，空气和水污染，农业活动，以及暴风雨。某些评估结果显示，1900 年以来全球湿地消失了 50%。美国的湿地消失速度与此一致：48 个土地相连的州，估计在 17 世纪有 2.2 亿英亩湿地，其中超过一半现在已经消失了。根据美国国家海洋大气局的一项研究，在 2004 年至 2009 年间，美国沿海地区每年有 8 万英亩湿地消失，比前 6 年多消失了 25%，或者说大约每小时有 7 个美国足球场大小的湿地消失。此外，现有湿地的退化降低了它们的环保效益。

我们该如何保护湿地？

保护湿地最有力的工具是法律和强有力的执法。由美国环境保护署和陆军工程兵团管理的湿地监管项目,有助于防止美国不加选择地填埋湿地,尽管该项目每年都会发放数千份允许填埋湿地的许可证。许多州、市和镇也有湿地保护规定。然而,阻止发展需要强烈的政治意愿,而监管者有时并没有这种意愿,或者更青睐于商业机会而不是湿地保护。马萨诸塞州阿特尔伯勒(Attleboro)的斯维登沼泽(Sweeden's Swamp)拥有32英亩红枫林,20世纪80年代,金字塔公司(Pyramid Corporation)计划在此地建一个购物中心时,似乎就遇到了这种情况。最初,美国陆军工程兵团驻当地办公室否决了金字塔公司的建设权,因为有明显对该沼泽损害较小的替代方案,但是美国陆军工程兵团的华盛顿哥伦比亚特区办公室推翻了当地办公室的决定。当美国环境保护署介入并阻止建设以保护湿地时,金字塔公司已经越过了几乎所有监管障碍。金字塔公司走上法庭,结果美国环境保护署赢了。阿特尔伯勒购物中心是许许多多涉及发展利益与湿地激烈冲突的案例中的一个经典案例。

在调查和执行湿地违法案件时,由于政府资源(有时是政治支柱)供不应求,因此非监管解决方案尤为重要。例如,土地征用和针对湿地捐赠的税收激励措施。美国有超过75%的湿地归私人所有,因此个人和企业的责任是关键。选择在高地(非湿地)进行建设、耕种,减少污染物流入湿地,支持湿地综合保护,就是负责任的个人和企业行为实例。

其他许多国家像美国一样拥有保护湿地的法律和规划。国际关注反映在《关于特别是作为水禽栖息地的国际重要湿地公约》中,该公约在1971年订于伊朗的拉姆萨尔,因此也被称作《拉姆萨尔公约》。该公约制定了一项条款,聚焦于湿地的识别以及为保护和明智利用湿地而开展国际合作。包括美国在内的 150 多个国家加入了该公约。

如何保护饮用水?

当然,饮用水是具有特殊用途的。充分保护河流、湖泊等水体,以使其适合捕鱼和游泳(《清洁水法》的目标)固然重要,让水(包括地下水)足够安全以达到饮用标准更为重要。通过污染水体而杀死鱼类是不可持续的做法,通过不安全的饮用水将疾病传播给人们(主要是儿童)而致其死亡则更是毁灭性的。根据联合国的数据,2012 年全球有 7.83 亿人(或者说世界人口的 11%)缺乏优质的饮用水。在撒哈拉以南非洲,这一比例为 40%。

在美国,1974 年颁布的《安全饮用水法》是美国人对其饮用水感到安心的主要原因,其他发达国家的居民也享有类似的保护。该法案要求美国环境保护署制定标准,限制公共供水系统中的污染物水平。与其他美国环境法一样,它预设各州将采用这些标准或执行更严格的标准。现今,美国主要由各州来负责《安全饮用水法》的实施。

然而,《安全饮用水法》所提供的监管"铠甲"存在一些缺陷。尽管个别州和市政当局已经做出了一些补救,但是补救措施所覆盖的范围并不一致。首先,接受监管的公共供水系统至少需要为 25 人服务或者至少为 15 户服务。这样的供水系统大约覆盖了美国 85%的人口。其余 15%的人口依靠自家的私人水井,这些水井不受美国环境保护署标准的约束。这些水井即使受到所在州的监管，通常也不会被定期检查。其次，即便是由美国环境保护署监管的公共供水系统，也会时不时地违反饮用水标准，因此无法保证自来水的纯净，甚至不能满足饮用水安全要求。这一不幸的现实状况戏剧性地发生在密歇根州弗林特市，2014 年该市公共供水系统的监管控制出现了系统故障，造成数千名弗林特居民的饮用水遭受严重的铅污染。此外，标准本身有时会陷入激烈的政策分歧中。例如，已知即便低浓度的铅也对儿童非常有害，可是如果更换旧的水管成本过高，这种含铅的水管就会继续被使用，那么通过数英里的含铅的旧水管输送到用户水龙头的水，应该执行什么标准？或者，像砷这种已知有毒的天然存在的污染物，应该采用什么标准？监管者对这些问题以及其他棘手问题所给出的答案，并不能令所有人满意，并且已经考虑了在实际标准被提出或更改时所引发的公共纠纷。最后，某些情况下的供水，特别是商用飞机上的供水，事实证明很难加以监管。2004 年美国环境保护署采集了飞机供水样本，发现有相当数量的样本细菌检测呈阳性。10 年后的检测结果并不乐观，并且一些旅行顾问仍然建议乘客不要饮用飞机上供应的散装水或者使用飞机上的冰块。

欧盟的《饮用水水质指令》体现了其他国家和地区对饮用水的法律保护。各国的保护措施的差异，特别是发展中国家和发达国家之间的差异巨大。

水资源正在变得稀缺吗？

水资源短缺的迹象——可以定义为或者水量不足（数量），或者水质不够安全（质量），或者二者兼而有之——在世界大部分地区都非常明显。联合国已将其确定为21世纪的主要全球问题之一。

人口的增长连同对食物需求的增加是水资源短缺的根本原因。联合国预测,在未来40年内,用水量的增长速度将是世界人口爆炸性增长速度的2倍多。它还预测,饮食结构将发生改变,从主要是节水型的淀粉类食品,转变为主要是并不节水的肉类和乳制品(生产1磅牛肉所需的水量是生产1磅大米的6倍还多)。农业用水量占人类取用淡水量的70%左右(通常用于灌溉),预计该用水量还将随着更多的人口和耗水型食物源的增加而大幅增加。地球的淡水供应原本就稀少,污染是导致水资源短缺的又一大原因,因为它减少了可有效利用的水资源。

世界各地对水资源的需求是显而易见的。在美国西部,干旱和用水已经造成了严重的水资源短缺,以至于加利福尼亚州人口稠密地区在2015年引入了强制性水资源配给政策。约旦和以色列共享的约旦河("河水很深,河岸很宽"——在一首著名的民歌中,迈克尔穿越约旦河将小船划向岸边),由于这两个国家从约旦河取水灌溉,约旦河如今经常干涸;而由约旦河补给的死海也正在急剧萎缩,因为这条河已经不再能够定期为其补水。重要含水层的状况也说明了这一点。许多含水层目前的消耗速度超过了它们可能达到的补给速度。在美国,爱德华兹含水层和奥加拉拉含水层都面临着这样的威胁。沿海含水层还面临着额外的威胁,因为当其开采速度超过补给速度时,咸水就会侵入含水层。对于饮用和灌溉来说,咸水毫无用处。由于水被抽取用于灌溉,尼罗河、黄河、科罗拉多河和里奥格兰德河等河流正在逐渐萎缩。

如何进一步改善水质?

即使在世界上有关水污染的法律最为健全的国家——美国,水质数据仍然是零散的。美国大约有70%的湖泊,45%的河流、池塘和水库,以及60%的海湾和河口,其水质状况仍未得到评估。对于这些重要资源,我们所了解的并不令人欣慰:已经得到评估的水体,有很大一部分不符合州水质标准。因此,尽管过去50年来水质有了重大改善,但是目前所做的一切仍然是不够的。在发展中国家,饮用水质量差仍然是一个严重问题。

除了让发展中国家更易获得水质达标的饮用水源之外,还需要进一步采取措施,包括:第一,需要减少人类排放到水中的氮、磷和沉积物。这就意味着人类要重新思考如何在全球范围内实施农业和雨水管理,以及其他一些事项。第二,需要控制隐性的、受生物积累影响、具有持久性的污染物。特别针对这类污染物,意味着应采取预防性原则并积极监管。第三,工业界在将其生产和使用的化学品排入地表水和地下水之前,需要先搞清楚它们的影响。第四,在美国,需要对《清洁水法》进行升级,以便对污染源特别是非点源进行适当的监管,并对水体采取整体的保护措施。此外,不幸的是,《清洁水法》很少关注污染预防,而是更多关注污染控制,这一点应当转变。与此同时,水污染研究需要更多的国会资助,特别是在有毒污染物和新兴污染物领域。一套最新的修正案可以弥补这一重要的主力法案的种种不足。第五,我们都需要得到更多的信息和教育,去了解我们使用的产品以及我们习以为常的行为习惯会对水环境产生哪些影响,这是一份责任,特别是工业化国家的责任,这样我们才能最大限度地保护水体,也才能理智地参与制定水污染控制政策。

6　空气

为什么清洁的空气很重要?

我们人均每天要吸入超过3000加仑的空气来维持生命。空气的质量对于健康至关重要。此外,受污染的空气会影响每个人,并且这是无法避免的:虽然空气可以聚集在大型空气盆地(通常是被山脉等地理构造所包围的区域),但它并不会被限定在特定的地点,不像河流,对于特定河流中被污染的水域,我们可以选择去或不去那里游泳。

空气构成我们的大气层,是像襁褓一样包裹住地球表面并使其与太空隔离的气态保护层。大气层延伸到地表上方约350英里处,主要由氮气、氧气和水蒸气组成。它是一个复杂系统,调节着进出其中的热量,进行着碳循环,保护着我们免受紫外线的伤害,并且影响着气候。发生在大气层中的动态且微妙的化学与物理平衡,对于地球上的生命的健康至关重要。但是大气污染打破了这一平衡,并且近年来已经成为一个严重的问题,因为它会导致气候变化。

空气甚至是比水更重要的污染物载体。它可以捕获污染物并将其吹到距源头数千英里的地方,沿途还常常将其与别的污染物混合在一起。这种运输能力加剧了空气污染问题。位于缅因州沿海的阿卡迪亚国家公园表面上是一个原始生境,却遭受到有形和无形的空气污染,这些污染来自上风向的都市地区,特别是纽约大都会区,那里是数十万辆汽车和许多污染排放企业的"家园"。

什么是空气污染?

空气污染是指污染物进入空气并对人类及其他物种、空气支持的生态系统造成伤害,或者干扰我们享受环境资源的现象。我们经常将空气污染与室外(环境)空气联系起来。但是,由织物中的微纤维、气溶胶喷雾剂以及香烟烟雾等造成的日益增加的室内空气污染,已被认定为一个主要的健康问题。我们也常常将空气污染视为工业化的产物,几乎所有从工厂的烟囱或汽车的尾管排放出来的废物都会造成空气污染。但是有一些最致命的空气污染物是天然产生的,人们可能在室内也可能在室外摄入这样的污染物。例如,氡(Rn)是一种天然存在的

工厂排放的废气污染空气
Photo by Cinq1 on Unsplash

物质,从地面泄漏到住宅的地下室,悄无声息,无臭无味,并且毒性很大。火山灰也是天然生成的,其颗粒可以污染空气,产生的影响与工业污染物的类似。

空气污染物通常分为两类:一次污染物和二次污染物。一次污染物是指直接从污染源排放到空气中的污染物,例如来自汽车的一氧化碳。一次污染物与大气中的其他化学物质(或彼此)反应产生新的污染物,即二次污染物。一个常见的例子是地面臭氧,这是一种危害非常大的二次污染物,人和其他动物都可能在呼吸时吸入地面臭氧,并因此受毒害。

为什么空气污染是个问题?

空气污染之所以是一个问题,主要是因为它是导致呼吸系统疾病、神经系统疾病和心血管疾病等严重健康问题的主要原因。据世界卫生组织估计,全球每年有700万人因空气污染过早死亡。在美国,麻省理工学院的研究表明,空气污染每年导致约20万人过早死亡(机动车是主要的污染源)。病人和健康人群中的儿童、老人受到的伤害最大。强壮的运动员和普通人也同样脆弱。污染严重的空气可以快速致命。1952年12月,在伦敦发生一次异常天气现象(空中逆温)之后,可能全世界才首次注意到这一点。在该现象发生后的5天里,伦敦有约4000人死亡,在之后的几周里,还有数千人在这次被称作“伦敦烟雾事件”的事件中死亡。受害者吸入了混有工厂和公共汽车排放的废气、居民燃煤烟气的浓雾,他们的肺被非常小的颗粒所堵塞和刺激,这些颗粒大部分来自上述污染源所消耗的煤(其中一些是在寒冷天气中烧掉的燃料)。伦敦烟雾事件令人震惊:城市对恶劣空气的忍受已经持续了数个世纪,而如今糟糕的空气可能是致命的。1984年12月,灾难在位于印度博帕尔的联合碳化物公司工厂再次重现,而且情况惨烈。泄漏的工业蒸汽当场造成约4000人死亡,数千人受伤,使这次灾难成为地球上最严重的污染灾难之一。然而,尽管这两次灾难事件很可怕,但长期暴露于中等水平的空气污染是一个更大的问题。这种暴露实际上是几乎每个人都曾经历过的,因为空气污染是普遍存在的。然而,最严峻的问题是空气污染对我们大气层的影响,即以温室气体的形式导致气候变化。

主要由人类造成的空气污染给人类带来的麻烦,也同样影响着其他物种。空气污染对我们的建筑环境造成的影响也同样值得关注。例如,帕特农神庙和大金字塔近年来因空气污染物(主要来自机动车)的腐蚀作用而遭受到了严重的结构和美学破坏。空气污染正在让泰姬陵妙不可言的白色大理石变得灰暗。

为什么儿童特别易受空气污染的伤害?

与成人相比,按单位体重计算,儿童呼吸的空气更多。儿童的呼吸系统仍在发育中:他们体内的肺泡数量较少,肺泡是供氧气和二氧化碳进行交换的肺部小囊。儿童更活跃多动,经常用嘴呼吸(于是失去了鼻腔过滤污染物的好处)。他们在户外花费的时间很多,通常是在污染物浓度很高的白天,并且他们(婴儿车里的婴儿,或者是只有几英尺高的孩童)比成人更靠近地面,而在近地面,像汽车尾气这种特别有害的污染物浓度更高。通风不良的房间里的烟草烟雾和其他的污染源同样导致儿童易受室内空气污染的影响。此外,除非在成人监护下,否则儿童可能不会采取成人通常采取的保护措施,例如,对空气质量警告做出响应并留在室内。在公园玩耍或在炎热城市的人行道上往家走时,儿童暴露于受污染的空气可能会导致一系列问题,包括轻微的咳嗽和连续几天不能去上学,以及哮喘和囊性纤维化等原有肺病的恶化。在全球范围内,这已被认定为一个重要的公共卫生问题。

出于类似的原因,这种特殊的童年期脆弱性也适用于其他类型的污染。例如,按单位体重算,儿童比成人吸入更多的污染物,因此他们的身体里就会有更高浓度的污染物;他们还更容易接触地面上的污垢、灰尘和毒素,不仅通过呼吸,还通过将物品放入口中而摄入这些污染物。此外,儿童比成人有更多时间将污染物摄入体内,污染物(例如,铅和其他重金属)可能在他们体内积累,并且其中一些污染物,比如致癌物质(例如,放射性物质)在童年期接触比在成年期接触具有更大的致病性。

主要的空气污染物有哪些?

空气污染物有很多种。有些是众所周知且被完全了解的,并得到了某种程度的监管;有些存在于空气中,但人类对其认识尚不充分,不足以对其加以控制;还有一些处于正在形成的过程中,由于人类源源不断地将新的化合物释放到空气中,它们可能与其他化合物发生化学反应,从而产生更多的化合物。重要的是,某些化学品和空气污染物曾经被认为安全的浓度水平,研究者在进一步研究获取新的数据后,发现其可能并不安全。因此,确定主要空气污染物需要持续的科学关注和监管变化。有关空气污染物领域的一个很好的信息来源是环境保护部门,至少在美国是如此。但是环境保护部门并不会跟踪所有流通中的化学品,并且没有全面的、被普遍接受的空气污染物名录。

将主要空气污染物分为三大类是有用的。第一类是标准空气污染物,这类污染物被广泛认为是非常有害和无处不在的。人类每天都会大量地吸入它们。在美国,由于它们对人类健康和环境有广泛的影响,还由于它们广为人知且相对来说被人类了解得比较充分,它们成了整个国家空气污染控制的主要焦点,也是唯一受制于美国《国家环境空气质量标准》的污染物。标准空气污染物共有六种:臭氧、颗粒物、一氧化碳、二氧化氮、二氧化硫以及铅。第二类涵盖了主要的温室气体,它们产生了与气候变化有关的深远的全球影响。第三类包括被认为有剧毒的其他空气污染物,被称为有毒或有害空气污染物。

这三类空气污染物并非完全独立:前两类空气污染物也可能具有毒性特征,标准空气污染物和有毒空气污染物也可能导致气候变化。

什么是臭氧?

一个臭氧分子是由三个氧原子组成的。它非常不稳定,并且在阳光下容易与其他化学物质发生反应。臭氧因其所处的位置以及生成过程的不同,可以产生好的或者坏的作用。

“好”臭氧,或者称平流层臭氧,天然地存在于距地球表面6～30 英里的地球大气层中的平流层。当大气中的氧分子被阳光加热、分解并释放出一个氧原子时，臭氧就自然生成了。这个单个、自由且具有化学活性的氧原子，与其他氧原子结合就会产生臭氧。平流层臭氧之所以是好的，是因为它保护地球上的生物免受太阳辐射中有害的致癌紫外线的伤害。地球上90％的臭氧是平流层臭氧。

地面臭氧是“坏”臭氧。通常，它不会直接被排放到空气中，也不是天然生成的。相反，它是在对流层（大气圈的最底层，生物在这里呼吸空气）中通过一个非常复杂的过程而生成的，其中氮氧化物、一氧化碳和挥发性有机化合物与太阳光反应，再次释放氧原子并参与合成臭氧。毫不奇怪，这种地面现象最常发生在炎热的夏季。因此，即使与臭氧形成有关的物质的排放量不增加，温度上升也会导致坏臭氧的浓度水平上升。有时，在寒冷的地方也会检测到高浓度的臭氧。这种情况很可能发生在白雪皑皑的山谷中，比如在大型的滑雪场，通常是汽车排放了臭氧。

什么是挥发性有机化合物？

化学工业从业者和空气污染管理者所了解的挥发性有机化合物，是在室温和正常大气压下蒸发非常迅速的有机化合物（含碳化合物）。挥发性有机化合物无处不在。石油化工行业的大多数产品都含有挥发性有机化合物，例如在汽油、油漆溶剂、油墨、干洗剂和其他一些消费品中都可以发现它们。杀虫剂喷雾、新地毯、指甲油甚至香水和空气清新剂的气味，就是挥发性有机化合物蒸发到空气中后散发的气味。挥发性有机化合物可能致癌。例如苯就是一种挥发性有机化合物和已知的致癌物质，存在于汽车尾气和烟草烟雾中。由于挥发性有机化合物与氮氧化物和阳光反应形成地面臭氧,因此它们作为空气污染物受到极大关注并被称为“臭氧前体物”。事实上,它们是地面臭氧的主要来源。挥发性有机化合物也可能来自植物等天然来源。

为什么地面臭氧有害?

即使是相对少量的地面臭氧也会对健康造成严重影响,特别是对儿童、老年人和肺病患者造成影响。它会加重哮喘、慢性支气管炎和肺气肿等疾病,并能抑制呼吸。对于健康的运动员,它可使其肺部永久受损,这就是为什么在受污染的城市,在炎热的中午慢跑是不受欢迎的,也是为什么频繁接触它往往被诊断出肺部被反复灼伤这类症状。这种健康影响也是媒体全年报道地面臭氧浓度水平并发布臭氧浓度危险水平建议的原因。地面臭氧经常受天气模式和地形的影响而迁徙,由此导致即使是在农村地区,地面臭氧浓度也可能超出健康水平。

地面臭氧对生态环境也有害。对于敏感植物和处于生长季节的植物尤其不利。棉白杨、黄松、颤杨和黑樱桃树都是北美常见的树种,均对臭氧很敏感。臭氧可以通过气孔进入植物,使其变得脆弱并易患病害。最后,臭氧会对植物叶子造成明显的伤害,这对植物来说可能并不致命,但在公园、庭院或远足的步道上看起来却不美观。

什么是臭氧空洞?

臭氧空洞是指具有保护作用的平流层臭氧层显著变薄,致使有害紫外线能够到达地球的现象。英国科学家在1985年首次对南极上空的臭氧空洞进行了描述,引起了人们极大的恐慌。从那以后,这个空洞一直受到密切关注。在发现臭氧空洞之后不久,国际社会即开始采取行动,于1987年开放签署《蒙特利尔议定书》,提出逐步淘汰氯氟烃。国际社会普遍认为这种化学品会消耗平流层臭氧,而平流层臭氧不仅存在于南极上空,而且遍布整个地球的上空。发生这种情况是因为当氯氟烃到达臭氧层时,它们接触到紫外线并分解,释放出的氯离子破坏臭氧分子,从而"消耗"臭氧层。

氯氟烃减排的历史是一个有关"好消息"的故事。它发出了更好的信号:如果国际社会迅速、科学、专门地去应对,那么即使非常严重的人为的全球环境影响也可以得到控制。在20世纪初,冰箱泄漏有毒化学物质导致几起致命事故发生后,三家美国公司,即通用汽车公司、富及第家电和杜邦公司合作开发了一种无毒制冷剂。它们在氯氟烃中发现了这种制冷剂,它不仅无毒,而且不可燃。这种制冷剂以商标名"氟利昂"(Freon)获得了专利。很快,氟利昂即被广泛用于大型冰箱和空调。因为看上去安全,它通常被指定为公共建筑中唯一允许使用的制冷剂。第二次世界大战后,氯氟烃开始被广泛使用,特别是作为喷雾剂(如喷发剂和杀虫剂)的推进剂。到了20世纪60年代,这三家公司使得在汽车和住宅中安装空调机组变得非常容易。它们成为全球范围内迅速崛起的企业,每年共生产超过100万吨氯氟烃。虽然氯氟烃似乎对人类来说是安全的,但是到了20世纪80年代,科学家开始将大气层上空臭氧消耗的惊人迹象,特别是南极上空的臭氧空洞与氯氟烃的存在联系起来,他们认为氯氟烃是臭氧被破坏的关键因素。鉴于形势紧迫，27 个国家很快签署了《蒙特利尔议定书》，并在 1990 年进行了修正（随后还进行了其他修正），提出了更有力的条款，要求在 2000 年之前取缔氯氟烃的生产。《蒙特利尔议定书》包括执法条款（经济和贸易处罚）、回收计划、替代品的开发以及帮助发展中国家履约的财务机制等。全球总计有 197 个国家签署了该议定书，使其成为联合国历史上第一个得到所有成员国批准的协议。它已促使全球约 98%的消耗臭氧层的物质逐步被淘汰，臭氧空洞似乎正在缩小。在该议定书缔结 25 周年之际，世界银行报告说，到 2065 年，仅仅在美国，死于皮肤癌的人就会减少 630 万，并且将避免支出 4.2 万亿美元的医疗保健费用。

什么是颗粒物？

顾名思义，颗粒物（particulate matter，PM）涵盖了出现在我们大气中的范围很广的细小固体和液体物质，包括极少量的酸、金属、灰尘和土壤。术语“气溶胶”有时也用于颗粒物，尽管技术层面上气溶胶不仅指颗粒物，还包括其中悬浮着颗粒物的空气。

在世界范围内，有两大类主要的颗粒物被认定是污染物，且都会影响人类健康。第一类是 PM_{10}，或称可吸入颗粒物，指空气动力学直径小于等于 10 微米、大于 2.5 微米（比人类头发的直径还小）的颗粒物。这类颗粒物小到足以进入人的肺部并导致健康问题，而比这大的颗粒物通常被过滤掉而不会进入人的肺部。第二类是 $PM_{2.5}$，或称细颗粒物，指的是更小的颗粒物，小到可以被肺部进行气体交换的肺泡所吸收，甚至可以进入血液。因此,$PM_{2.5}$会导致特殊的健康问题。

颗粒物为什么有害?

在长长的有害空气污染物清单中,世界卫生组织将$PM_{2.5}$列为对人类健康影响最大的物质。毫无疑问,这源于$PM_{2.5}$可以深入人体的能力以及它无处不在的事实。世界卫生组织基于全球视野将$PM_{2.5}$确定为肺癌致死、慢性阻塞性肺疾病致死、心脏病和中风的主要原因。它可以加重哮喘,这是一个严重的健康问题并且日趋严重。儿童、老年人以及患有肺气肿等心肺疾病者尤其容易受到肺部颗粒物的伤害。由此导致的缺勤、缺课等,其经济代价是巨大的。

颗粒物污染也会影响能见度,颗粒物可以折射光线,会让方向盘后面的驾驶员难以看清道路。另外,颗粒物污染形成的雾霾也让人们难以呼吸新鲜空气。颗粒物还会迁徙:洛杉矶高速公路上的卡车柴油废气最终会落在亚利桑那州的大峡谷国家公园。美国环境保护署认为,颗粒物污染是导致美国西部风景区能见度从140英里降至35英里、东部风景区能见度从90英里降至15英里的主要原因。

什么是哮喘? 它与空气污染有什么关系?

哮喘是一种慢性非传染性疾病,可使肺部发炎、变窄,从而导致气喘、呼吸困难和胸紧等症状。据世界卫生组织估计,全球有2.35亿人患有这种疾病。世界卫生组织也将其确定为儿童中最常见的慢性疾病。哮喘的发病率正在上升。在美国,环境保护署报告,大约有2600万人,或者说美国1/12的人口患有哮喘,并且这一数字正在急剧增大。美国肺脏协会报告,2011年哮喘导致美国超过3300人死亡。儿童、低收入人群以及少数民族人口受到的影响尤其严重。

室内和室外空气污染被认为是哮喘发作的关键诱发因素,其他诱发因素有花粉和霉菌等过敏原;遗传因素也发挥着一定作用。空气污染中较严重的是臭氧污染,它除了直接引发哮喘外,还会加剧潜在的哮喘病情,使人们更易受到其他哮喘诱发因素的影响。哮喘与臭氧的这种关联是健康专家非常关注的问题,他们已经记录了高臭氧浓度天数增加与儿童哮喘药物使用量增加以及急诊室就诊人数增加的相关性。

城市雾霾
Photo by Ben M on Unsplash

什么是烟雾?

“烟雾”(smog)这个词首次出现在20世纪早期,用于描述伦敦等工业城市有雾的空气状况,这些工业城市的空气中含有大量来自工厂和燃煤炉的烟气。“烟雾”一词将烟和雾这两个词加以组合,用来描述这些城市明显“粗糙的”空气,尤其是在潮湿、沉闷的日子里。这种烟雾是工业烟雾,通常含有燃烧化石燃料产生的臭氧和颗粒物。在过去的几十年里,发达国家通过监管已经大大减小了烟雾事件的发生概率。

在20世纪后期,伴随着汽车数量的激增,另一种形式的烟雾——光化学烟雾,也开始出现并且目前在城市环境中普遍存

从飞机上可能观察到光化学烟雾
Photo by Martin Adams on Unsplash

在。事实上，光化学烟雾是一个持久的、严重的健康和景观问题，几乎无处不在，在美国和全球范围内造成数千人过早死亡。它是在氮氧化物、臭氧与阳光反应时形成的。虽然臭氧是看不见的，但是当它与其他化学品以及颗粒物混合后，就会产生与光化学烟雾相关的霾并降低能见度。在炎热的夏日，当你从降落在丹佛或新德里的飞机的窗口望出去，将有可能在地平线上看到一个黄色的、朦胧的圆环，那就是光化学烟雾。

什么是逆温？

通常，地表附近的空气比高空中的空气温度更高。越往上，空气温度越低，这可以使空气处于流动状态。当地球表面的冷空气滞留在下方，较轻的暖空气位于其上方时，就会出现逆温现象，从而打破常态并阻碍空气循环。举个例子，当冷风滞留在群山环绕的城市或坐落在山谷中的城市时，就可能发生逆温现象。在这里，当汽车和其他燃烧源将污染物排放到被困的空气中时，逆温层会捕获这些污染物并增加其密度。像墨西哥城这样的城市，污染非常严重且坐落于山谷中，就经常出现逆温现象，世界上其他许多大大小小的城市也是如此。美国洛杉矶因逆温而闻名，这也源于其对汽车的依赖，并且它还被太平洋和群山所环绕。

为什么一氧化碳是主要的空气污染物？

这主要是因为当一氧化碳被吸入肺部后，会进入血液并迅速与红细胞中的血红蛋白结合。这削弱了红细胞将氧气输送到体内的器官组织，尤其是心脏和大脑等重要器官的能力。一氧化碳无臭、无色、无味，因此很难被检测到。大量的一氧化碳可以在几分钟内令人窒息而亡。较低浓度的一氧化碳可以使人产生一系列中毒症状，这些症状通常是可逆的，但有时也会造成永久性损伤。一氧化碳也参与生成地面臭氧，正如我们所知，臭氧是最有害的空气污染物之一。

为什么氮氧化物是主要的空气污染物？

氮氧化物是生成地面臭氧的主要贡献者。当它们与氨、水等化学物质结合时，还会生成细颗粒。氮氧化物是酸雨的主要成分。虽然整个氮氧化物家族的化合物（包括硝酸和亚硝酸）都备受关注，但其中关键的成员是二氧化氮。这很大程度上是因为形成二氧化氮的排放物通常也会导致其他氮氧化物的形成。因此，控制二氧化氮可减少人们与氮氧化物系列中其他污染物的接触。

呼吸系统问题，例如健康人群呼吸道发炎以及哮喘患者症状加重与接触二氧化氮有关。机动车和道路附近的二氧化氮浓度通常高于其他地方。举例来说，考虑到美国约有15%的住房位于主要道路、铁路或机场附近300英尺范围内（其中许多住房无疑是有多种健康和社会压力的经济弱势群体的居所），二氧化氮是造成健康问题和产生医疗开销的主要因素。

为什么二氧化硫是主要的空气污染物？

二氧化硫作为污染物排名很高，主要是因为在大气中它可以形成能够穿透肺部的细小颗粒。与二氧化硫短期接触会对健康产生不良影响，特别是对于哮喘患者、儿童和老年人来说更是影响严重。同氮氧化物一样，二氧化硫是酸雨的主要来源。正如二氧化氮最能代表氮氧化物系列化合物一样，二氧化硫最能代表硫氧化物系列化合物，原因相同：二氧化硫排放通常会导致其他硫氧化物排放，因此控制二氧化硫也同样会降低其他硫氧化物的污染水平。硫酸盐作为这一家族的成员之一，特别“擅长”散射光，导致雾霾天气并降低能见度。

什么是酸雨？

纯净水非酸亦非碱。换句话说，它的 pH 值为 7。但雨水中总是含有杂质，包括来自火山爆发的天然酸，以及有机质腐烂产生的氨等天然碱。在正常情况下，考虑到这些杂质，天然降雨的 pH 值在 5 到 7 之间。当主要来自人类活动的二氧化硫和氮氧化物被排放到空气中，与水和其他化学物质混合形成酸性污染物时，就会产生酸雨，或者称为酸沉降(含义更广泛)。当有足够多的酸性物质并且雨水 pH 值降至 5 以下时，就满足酸雨条件了。由于二氧化硫和氮氧化物很容易溶解于水中，并且很容易为风所携带，因此它们最终会溶于雨水、雨夹雪、雾和雪中，通常距离其源头数百英里。酸沉降也可以是干燥形式的。这种情况发生在干旱环境中，这些酸性污染物与灰尘或烟雾混合并沉积在建筑物、植物和地面上时容易发生干沉降。

19 世纪，英国药剂师罗伯特·安格斯·史密斯(Robert Angus Smith)首先注意到了酸雨。他发现，与污染较少的地区相比，英国城市雨水中的酸度水平要高得多。但直到 20 世纪中叶，这个问题才引起广泛关注。不是任何地方都有酸雨问题。在世界上大多数地区，酸雨很容易被天然存在的碱所中和。例如，海洋中有起中和作用的化合物(虽然危险的海洋酸化正在加重)，许多陆地都有碱性土壤和石灰岩沉积物，它们也能参与中和反应。

在没有这种中和能力的地方，如美国东部和加拿大，那里单薄的土壤和花岗岩基岩很常见，而且在那里，酸沉降中的酸性物质已经在气流输送下富集，其浓度足以造成严重的环境问题，包括毁坏树木、杀死鱼类以及破坏生态系统。建筑环境，从建材到雕像，也同样受到酸沉降的腐蚀和破坏。

铅是否因密度过大而不会成为空气污染物?

情况并非如此。铅仅仅是数种有毒或致癌的重金属之一，并且或许是其中最有害的(和汞并列)，它们以非常微小的粉尘的形式污染着我们呼吸的空气。其他重金属包括镉、镍、铜和铁等。虽然所有这些元素都是天然存在的，但是重金属污染物却主要是工业化的产物。过去几十年的重点监管行动主要是要求从汽油中去除铅，因此我们大气中的铅已大幅减少了。但在此期间，铅尘已经迁徙并沉淀在土壤、地表水、地下水、饮用水以及人体中，并且会在这些地方停留很长时间。例如，从旧住宅房屋上剥落下来的含铅涂料残留在院子的土壤中，多年以后在这里玩耍的儿童通过呼吸吸入铅，还可能通过他们手上被铅污染的污垢摄入铅。

铅会积聚在人体内并留在骨骼中。这对儿童尤其不利，铅会在他们的大脑发育过程中引起神经系统问题,进而导致学习障碍、行为问题和智商降低。成人体内血铅水平升高会导致心血管疾病,特别是高血压。

什么是有毒空气污染物?

有一大类空气污染物,已知或可能会导致癌症或其他非常严重的健康问题,例如生殖问题和出生缺陷。这类空气污染物就是有毒空气污染物。在美国,尽管名单并不全面,但是美国环境保护署已经确认了其中的 187 种。一些常见的例子有:来自干法净化的四氯乙烯,汽油中的苯,二氯甲烷(一种脱漆剂和溶剂)。人们熟悉的其他例子有:石棉、二噁英、甲苯,更不用说汞等重金属。刘易斯·卡罗尔(Lewis Carroll)所著的《爱丽丝梦游仙境》中,疯狂的制帽商在养护帽子的毛皮时(就像许多 19 世纪制帽商所做的那样)吸入了水银烟雾,于是出现了精神失常症状。汞影响了制帽商的神经系统,他因此受到了折磨。

虽然人们只需通过呼吸就可以接触到空气中的有毒物质并受到伤害,但是空气中的有毒物质还会不断地沉积在水和土壤中,在那里被鱼类摄入,或被水果和蔬菜吸收,或污染饮用水。儿童在有毒物质面前尤为脆弱。空气中的有毒物质(汞再次成为一个很好的例子)积聚在植物体内和组织中,于是处于食物链顶端的捕食者(如人类)会从受污染的食物中摄入高浓度的有毒物质。

什么是室内空气污染物？

室内空气污染物是指住宅和商业建筑内的不健康空气。它可能来自建筑的外部，通过通风系统和打开的门窗进入室内，或者来自建筑内部种类繁多的污染源。鉴于我们在室内消磨的时间如此之多，并且室内空气污染物的稀释程度低于室外空气污染物的，因此室内空气污染是一个重要的健康问题。

两种常见的室内空气污染物是一氧化碳（前文已有讨论）和氡，它们都是无色、无臭和无味的。室内一氧化碳的来源包括烟囱、小型供暖设备、柴灶以及封闭车库中的汽车尾气。我们听说过人在家中因一氧化碳中毒而悲惨死亡的事故，于是许

燃烧的烟头

Photo by Alfaz Sayed on Unsplash

多家庭都装有一氧化碳探测器。氡是天然存在的,并且不为人们所熟悉。它是由土壤中的铀衰变而产生的,经常会进入住宅的地下室。值得注意的是,它是导致肺癌的第二大原因,仅次于吸烟。事实上,肺癌是其对人类唯一已知的影响,但是这是一个非常大的影响。氡与吸烟的协同作用使吸烟者面临巨大风险。氡是如此普遍和有害,以至于在美国,外科医生已经敦促人们去检测家中的氡,并在必要时降低其浓度。世界卫生组织认为这是一种全球性的健康风险,并已开始实施一个针对氡的国际项目来解决这一问题。二手烟是导致肺癌的第三大原因,这也是众所周知的。它对儿童特别有害,例如,它会导致儿童哮喘和支气管炎恶化。

室内空气被其他许多非常危险的材料和化合物所污染,并且我们每时每刻都在不知不觉地吸入它们:织物中的微纤维、新地毯和新车的废气、发胶中的颗粒以及我们用来抛光家具的清洁剂等。这仅仅是几个常见的例子而已。我们从这些物品中闻到的气味通常是挥发性有机化合物散发的。

在发展中国家,很大比例的人口将煤炭和生物质(植物或动物的排泄物)作为燃料在简陋住宅里的简易炉灶中燃烧掉。妇女和儿童尤其会暴露于来自这些燃料的高浓度碳烟和其他污染物。这种现实情况被认为是发展中国家出现大量死亡和慢性疾病病例的原因。

空气污染的主要来源是什么?

空气污染的来源有许多,但是一个无处不在的、非常主要的来源就是化石燃料。这已经直奔主题了，不过，我们还是需要先退后一步，来了解一些背景知识。由人类活动产生的空气污染源分为两大类：移动源和固定源。化石燃料在这两者中都占主导地位，但每一类中都还包含其他一些重要的空气污染源。有些是天然的，如海盐气溶胶、火山爆发、沙尘暴、森林火灾，以及细菌生长和腐烂的过程。然而，人类应该对大多数空气污染源负责，而且这些污染源具有最为严重的长期和短期影响。

什么是化石燃料？ 它们为什么如此有害？

化石燃料的化学成分是碳氢化合物。它们是由史前碳基植物和动物的残骸在岩层下经过漫长岁月而形成的，是不可再生的资源。化石燃料燃烧后会释放能量。最常见的化石燃料是煤、石油和天然气。它们是不可再生的，因为它们需要数百万年才形成，而消耗它们只需要几分钟。

除非你认为过去几个世纪的人类发展完全被误导了，否则你无法断言化石燃料本身就是不好的。它们对工业革命以来人类生活质量的改善和卓越的技术成就做出了主要贡献。数百年来，它们一直是世界上主要的能源。它们为我们的工厂和运输系统赋能，给我们提供电力。没有化石燃料，我们就不能把人送上月球。但是，我们严重依赖化石燃料的负面后果正在超越它们所带来的好处。它们成为严重的有害污染物是因为其燃烧时所造成的空气污染超乎任何其他污染源，排放所有六种纳入空气质量标准的污染物：二氧化氮、二氧化硫、一氧化碳、颗粒物、臭氧和铅（以及其他重金属），并且产生大量的主要温室气体二氧化碳。事实上，从酸雨和哮喘，到石油泄漏和气候变化，许多严重的空气污染问题和健康问题，都可以归根于化石燃料燃烧。

什么是空气污染的移动源？

移动源包括汽车以及同样由化石燃料驱动的其他所有设备：卡车、火车和船只，农场和建筑设备，以及飞机。当我们站立在码头上而准备离岸的船只的马达在空转时，当我们行走在距离我们身旁马路上的汽车几英尺的人行道上时，我们会吸入来自这些移动源的空气污染物。移动源还包括气动割草机、全地形车和雪地车等机器，以及气动锯和吹叶机等手持设备。它

校车
Photo by Austin Pacheco on Unsplash

们排放的化学物质与汽车相同,但通常没有相关规定要求对其进行空气污染控制,因此无论是谁坐在电动割草机上割草,都可能吸入一些非常不健康的东西。

另一个例子是校车。它们的柴油发动机排放的尾气已被美国儿科学会确认为严重危害儿童的空气污染的主要来源(儿童在校车内和校车外都会吸入尾气),这主要是因为尾气中所含颗粒物造成的污染十分严重。美国大多数校车使用柴油,这是污染最严重的化石燃料之一。

什么是空气污染的固定源?

正如该术语所暗示的那样,固定源是不移动的污染源。在20世纪中叶之前,机动车尚未在空气污染中占主导地位,固定源是空气污染的主要来源。如今,为人熟知的固定源有燃煤发电厂、金属冶炼厂、纸浆和造纸厂、炼油厂、化工厂、城市垃圾焚烧炉和水泥厂。规模较小的固定源有柴炉、家用燃油炉和煤气炉。

燃煤发电厂问题尤其严重:在美国,它们是二氧化碳和二氧化硫的最大排放源,并且它们比任何其他工业源排放更多的有毒气体。它们是汞等重金属以及呈现为碳烟形态的颗粒物的主要排放者,许多燃煤发电厂没有现代的污染控制设备,甚至在受到监管时,仍然将主要污染物排放到空气中。全世界约有2300家燃煤发电厂,其中一半以上位于中国和美国。美国有几家燃煤发电厂正在关闭中,预计未来将关闭更多。然而,在发展中国家,燃煤发电厂的数量正在增加,因此它们面临着一个重大的全球性挑战。

具有讽刺意味的是，针对固定源的一些空气污染控制措施本身会造成复杂的空气污染问题。例如，在美国，增加烟囱高度(500英尺或更高)是一种主要用于燃煤发电厂的技术。2010年美国审计总署称，在172座燃煤发电厂中有284座高烟囱在运行，其中1/3位于俄亥俄河谷。高烟囱背后的理念是，它们可以分散污染物并将其稀释，以使局部空气质量符合州规定。但是高烟囱导致了更广泛的空气污染问题。事实表明，它们未必会将污染物稀释到可接受的水平。它们通常只是将污染物吹得更远、更高，在那里二氧化硫等排放物会有更多时间来形成臭氧和颗粒污染物，还有酸雨。当然，高烟囱可以减少发电厂附近的碳烟，但同样的碳烟在遥远的湖泊和公园中沉积，或者在下风向各州的空气中滞留。

什么是散逸性排放?

散逸性排放是指空气污染物无意中被排放，通常是指烟雾或其他泄漏物从或大型或小型的容器中散逸出来。那些带有储存罐、化学容器和废物池的工业操作，为有害化学品的意外蒸发和泄漏提供了许多机会，这些化学品是难以检测和控制的。了解散逸性排放很重要，是因为作为气态污染物和或大或小的颗粒物，我们无时无刻不在呼出和吸入它们。

我们在加油站闻到的气味来自散逸到空气中的汽油蒸气;来自印刷机和油漆罐的熟悉的气味，来自散逸的挥发性有机化合物。这些排放都会导致地面附近的烟雾污染和大气层中的气候变化。如果你住在石油化工厂或炼油厂附近，当发生泄漏或其他事故时，你也会闻到这些挥发性有机化合物的气味。

2015年，南加州波特牧场社区(Porter Ranch Community)的阿里索峡谷(Aliso Canyon)天然气储井发生地下管道破损事故，导致大量甲烷泄漏。泄漏的甲烷令居民感到不适，在其被控制之前的几个月内大约97000吨甲烷(一种主要的温室气体)散逸到了空气中。这次事故对气候的影响是显著的，并且它突显了地下天然气运营以及老化基础设施的风险。在气候变化的背景下，来自油井和水力压裂操作的甲烷散逸性排放也越来越受到关注。

扬尘是另一种散逸性排放物。它是从土壤及其他易碎材料中散逸出来的颗粒物。例如，它可能来自道路，那里的铺装材料、轮胎和尘土不断被碾碎；来自建造和拆除活动；来自未铺装的道路和停车场；来自农业作业；来自吹叶机；以及来自喷砂。

加油站

Photo by Juan Fernandez on Unsplash

美国的空气污染是如何被控制的?

美国的空气污染主要是通过实施和强制执行国家空气污染法律得到控制的,1970 年的《清洁空气法》及其 1977 年和 1990 年的主要修正案;其他一些联邦环境法律涉及空气污染问题的某些方面,例如《职业安全与健康法》对工作场所的空气污染做了规定。正是《清洁空气法》,以及《清洁空气法》授权生效的州和地方空气污染控制计划,大大减少了美国的空气污染。要将空气质量提高到可接受的水平,我们还有很长的路要走。例如,美国有数百万人仍然生活在臭氧浓度超过安全水平的地区。但是,《清洁空气法》已经极大地改善了美国人的生活质量。

同美国其他主要环境法一样,针对空气污染的固定源,《清洁空气法》制定了覆盖面广的国家标准,其中最重要的是基于健康的《国家环境空气质量标准》。这些标准通过设定每种污染物的法定允许上限来管理标准中的六种污染物的排放。各州要制订州实施计划,以满足《国家环境空气质量标准》的要求,并在美国环境保护署批准后实施和执行计划,美国环境保护署仍有权对各州采取执法行动,并且当州实施计划达不到要求时,有权将其退回并责成州实施联邦法规。各州有多种方式使其州实施计划满足《国家环境空气质量标准》的要求。最常见的方式是限制工业空气污染源烟囱末端的排放,例如要求使用洗涤器和袋式除尘器之类的设备捕获空气中的污染物。但是也有其他一些有效的机制已包含在州实施计划中,例如限制树叶燃烧或者燃气吹叶机使用的当地法令。一些州实施计划提案可能会引起争议。例如,马萨诸塞州在其最初的州实施计划中对剑桥市(麻省理工学院和哈佛大学的所在地,一个蓬勃发展的城市)实施车位供给冻结,以减少来自汽车的臭氧和一氧化碳污染。该冻结政策严格限制商业停车场,引起了非常大的争议。开发商抱怨这项政策减缓了城市发展;那些希望减缓城市发展的社区活动家则支持这项政策。目前已有相关人士提议对原初的州实施计划进行修订,以便提高该市的停车灵活性。

《清洁空气法》还包括"技术强制"要求(与其他一些环境法一样)。例如,对于新增的(或者有明显改变的)空气污染固定源,要求其必须具有《清洁空气法》许可证(通常由各州颁发)方能建造。这与污染源所在的州或空气分区如何通过州实施计划来满足适用的《国家环境空气质量标准》相关联。从本质上讲,其工作原理就是:对于每种标准污染物(即受《国家环境空气质量标准》约束的污染物),每个州被分为符合标准的区域(称为达标区)和不符合标准的区域(称为未达标区)。在达标区,新的污染源必须采用最佳可行控制技术,以防止空气质量显著恶化。重要的是,最佳可行控制技术可以是现有的、可获得的技术,并且考虑了成本。相比之下,在未达标区,污染源必须采用能够达到最低可实现排放率的技术,寻求在世界各地已被证明有效的技术且不计成本,从而适当地实现更多的污染削减,因为该污染源已经处在污染过重的地方。促进世界上最先进的污染控制技术的发展,其效果就是"技术强制"。

《清洁空气法》的要求推动技术发展的另一个例子是《新污染源排放标准》(New Source Performance Standard,NSPS)。

《新污染源排放标准》适用于新的(和改变或重建的)固定污染源。标准污染物与特定位置(达标区和未达标区)有关,与基于州实施计划的标准污染物的标准不同,《新污染源排放标准》则是美国环境保护署按污染源类别公布的国家标准。国家标准为新污染源提供技术底线,这些技术底线被包含在新污染源的许可证中。美国环境保护署还被授权为许多现有工业污染源制定国家排放标准,这些标准的实施落后于各州。最近,美国环境保护署行使这一权力,颁布了《清洁电力计划》,来规制燃煤和燃气发电厂的二氧化碳排放,以应对气候变化。

空气污染强大的迁移能力给控制实践带来了挑战。这些挑战中首当其冲的就是所谓"臭氧输送问题",即美国东部各州接收来自俄亥俄河谷的肮脏空气,却无权管理污染源。多年来,与那些享受更廉价、更肮脏能源的"铁锈带"[①]各州相比,美国东部各州执行更严格、花费更高的空气污染控制标准,东部各州对此抱怨不已。美国环境保护署在2011年以《跨州空气污染条例》(Cross-State Air Pollution Rule,CSAPR)对此做出回应,该条例要求中西部各州的燃煤发电厂削减臭氧和颗粒物(受《国家环境空气质量标准》约束)排放,以免这些污染物向东输送到大西洋沿岸。2014年,美国最高法院在判决中支持这一存在争议的条例。根据美国环境保护署的报告,该条例的实施将可避免每年13000～34000例过早死亡,400000例哮喘病症加重,以及180万天缺勤或缺课。

① 铁锈带(Rust Belt)是对美国中西部和五大湖地区的贬称,但该名称也可用于20世纪80年代发生工业衰退的美国其他地区。"铁锈"是指去工业化,或由于曾经强大的工业部门的萎缩而出现的经济衰退、人口减少和城市衰退。这个名称在20世纪80年代的美国流行起来。——译者注

除了《国家环境空气质量标准》和《新污染源排放标准》之外,《清洁空气法》还授权美国环境保护署制定有毒空气污染物的排放标准、管理酸雨计划,以及控制臭氧消耗污染物,特别是氯氟烃类污染物。对于移动污染源,美国环境保护署基于如下理论取得了监管的领导权:汽车和卡车是在全美范围制造、购买和销售的,因此,应该由适用于汽车制造商的单一国家规则加以管理,而无法通过州实施计划管理。这种联邦优先控制权的唯一例外是加利福尼亚州,《清洁空气法》允许该州拥有自己的移动污染源法规,只要这些法规具有同联邦标准一样的保护作用。对加利福尼亚州的这一特许,是基于该州始于 20 世纪 50 年代的控制空气污染的开创性努力。《清洁空气法》允许其他州采用加州的标准代替联邦标准,实际上,在制定国家标准时,加利福尼亚州和美国环境保护署之间存在合作。

《清洁空气法》自生效以来,在美国环境保护署和工业界之间始终有争议。主要的争议点是,美国环境保护署为实施法律的广泛授权必须制定条例。其模式如下:美国环境保护署提出一个条例;工业界通常因为它会破坏行业常态或成本过高或减少就业而拒绝执行该条例;美国环境保护署修订条例并发布最终版本;工业界起诉美国环境保护署;法院,通常是美国最高法院,裁决该条例是否真的是国会在通过《清洁空气法》时所考虑的。同样的模式出现在其他环境法律带来的监管挑战中,但在《清洁空气法》的法律争论中尤其明显。

监管机构和行业之间的这种监管拉锯战,有时会带来更好的监管,有时则不会。这种现象并非美国独有。2015 年大众汽车的软件大丑闻可以部分归因于欧洲汽车制造商针对欧洲立法机构提出的严格排放检测进行的强力的监管对抗。

《清洁空气法》对减少空气污染有多大帮助?

如下的美国环境保护署统计数据显示了2015年标准污染物浓度与1980年(特别标明者除外)相比,美国空气质量改善百分比:

一氧化碳84%;
铅99%;
二氧化氮58%;
臭氧32%;
可吸入颗粒物39%(1990年与2015年相比);
细颗粒物37%(2000年与2015年相比);
二氧化硫84%。

2010年,美国环境保护署成立40周年。该机构报告,减少颗粒物和臭氧排放的计划已经预防了超过160000例过早死亡。由于采用催化净化器等技术,新型汽车和卡车排放的污染物比旧车型少了95%。与以前的型号相比,新型建筑设备和农业设备排放的颗粒污染物和氮氧化物减少了90%。由于1990年发布的规定,工业领域排放的有毒污染物估计每年减少了170万吨,中西部和东北部的酸沉降减少了30%以上。颗粒污染物的减少每年可挽救20000~50000人的生命。逐步淘汰消耗臭氧的化学品,特别是氯氟烃类,从1990年至2165年,估计将减少2.95亿例非黑色素瘤皮肤癌的发生。

当然,这种乐观的景象存在一个极为重要的问题。到目前为止，在减少温室气体排放以有效应对气候变化方面，我们都失败了。此外，尽管《清洁空气法》极大地改善了空气质量，但是根据美国肺脏协会 2015 年的《空气状况》报告，当时已有超过 40%的美国人(约 1.38 亿人)呼吸着因被臭氧和颗粒物污染而不利于健康的空气。

空气质量并不总是显而易见。一个原因是大气层中不断进行的大气循环；另一个原因是一些空气污染物是无臭无色的。尽管如此，在某些地方进行简单观测就会发现空气受到了污染。例如，大多数工业烟囱会造成明显的污染。喷气式飞机，使用柴油的卡车和公共汽车，以及木柴炉或壁炉的烟囱，排出的废气带有可见的污染物并散发出异味。全球许多人口稠密的城市，包括新德里、洛杉矶、休斯敦和巴黎，空气中都有明

喷气式飞机排放的废气也是污染物
Photo by Oliver Rowley on Unsplash

显的烟雾。

其他国家和地区在控制空气污染方面做了哪些工作?

许多国家和地区制定了空气污染控制方面的法律。例如,欧盟制定了一系列法律法规,其中包括基于健康的标准,类似于美国《清洁空气法》授权制定的《国家环境空气质量标准》。欧盟成员国则依此制定本国法律,以反映欧盟空气相关法律的这些标准和其他特征。

在亚洲,由于许多发展中国家近期的排放总量急剧增加,空气污染控制成了一个特别紧迫的问题。印度早在1981年就颁布了《空气法》。中国在2014年通过了对《中华人民共和国环境保护法》的重大修订,在很大程度上是为了解决令人窒息的空气污染问题。然而,任何环境立法的成功与否都取决于实际推行和执法情况,这在发展中国家尤其具有挑战性。

越来越多的政府和非政府组织提供现成的空气污染数据库。在美国,由美国环境保护署维护的国家"空气质量指数"(Air Quality Index)是个不错的线上平台,可供查找美国特定地点的空气质量信息。对于几个欧洲地区来说,一个类似的资源是"实时空气质量"(Air Quality Now)网站。"世界空气质量指数"(The World Air Quality Index)提供全球的空气质量信息。

如何进一步改善空气质量?

进一步改善空气质量有很多方法,这里提到的是一些特别重要的方法。首先，世界需要摆脱对汽车以及其他由化石燃料驱动的设备设施的依赖。其次，需要对目前不受监管或监管不足的空气污染源加以监管。这些污染源包括飞机、火车和轮船；大型农业生产活动，这是来自牲畜排出的甲烷和来自农田露天焚烧排放的碳的重要来源；以及消费品。

此外，还需要对受污染的空气进行更多的研究。我们正在吸入的化学物质，往往是我们并不了解的，并且可能是有害的。这意味着我们需要在研究上投入更多的时间和金钱，当潜在的有害物质即将进入市场和大气层时，我们需要更加谨慎地给化学品和其制造公司颁发排放许可。在美国，《国家环境空气质量标准》是基于健康的空气污染控制的重要核心。因为其条款一定是基于当前可获得的科学信息来撰写的，因此《清洁空气法》明智地要求可以定期对其进行修订，同步可对州实施计划进行修订。然而，《国家环境空气质量标准》并未定期修订。它们也会受到政治进程的冲击，其中包括非科学因素的影响。例如，在美国参议院，2015 年新任多数党领袖发誓要阻止参议院通过待核准的一整套空气法规，该法规旨在将臭氧和硫的排放标准下调至科学界认为安全的水平。如果国会和公众能够督促美国环境保护署定期修订和升级这些标准（主要依靠科学依据）以体现新数据，那么空气质量可以得到相应改善。对于有毒空气污染物也是如此，它们需要更多的监管关注。

最后，我们都需要更好地了解空气污染，以便能够最大限度地保护自己免受空气污染影响，并在国家和全球范围内明智地参与空气污染政策的制定。

7 生态系统

什么是生态系统?

环境通常被视为由或多或少彼此独立运作的不同部分所组成。从这个角度来看,保护环境意味着保护明显不同类别的东西:海洋、濒危物种、我们呼吸的空气。不同环境问题的解决也是基于各自独立的原则。我们对空气污染和水污染加以管控,但我们通常并不将它们联系在一起,例如,我们没有将发电厂排放的汞、水中的汞和金枪鱼体内的汞联系在一起。

"生态系统"一词体现了一个重要的替代原理:所有自然事物和现象都是相互联系的。1962 年,蕾切尔·卡森在《寂静的春天》一书中将其表述为"生态学"。随后,另一位环境开拓者,巴里·康芒纳(Barry Commoner)基于这一概念写就了《封闭的循环》(*The Closing Circle*)这本畅销书。在该书的四个生态学定律中,第一个定律就是"一切事物彼此相关"。然而,直到 20 世纪 90 年代,生态系统保护才得到重视。

生态系统是生物要素与非生物要素构成的网络,所有这些要素彼此之间都是直接或间接地相互依赖的,并且无论其规模多大或多小,它们都作为一个系统运行。一个生态系统可能像墨西哥湾一样巨大,或者像一个小小的潮汐池一样微小。每个生态系统都是由彼此相互作用的元素构成的一个生态单元。在这样的生态单元中,每个组成要素在某种程度上都彼此相互依赖。举例来说,墨西哥湾为秃柏提供了一个温暖的沼泽环境,而秃柏则为那里的野生动植物提供生存条件并为它们抵御风暴伤害。在潮汐池中,喜欢水生环境的海藻为鲍鱼提供了食物，来自较大的沿海生态系统的海獭则以鲍鱼为食。地球是一系列松散地结合在一起的生态系统，从某种意义上说，地球本身就是一个巨大的生态系统。

生态系统从哪里开始、到哪里结束是主观的，并且它们可以重叠。虽然它们曾被视为稳定、封闭、可靠的系统，但它们实际上是受气候等自然因素影响和改变的动态环境。人类几乎总是生态系统的一部分，并且我们对它们有很大的往往是破坏性的影响。

生态系统为我们做了什么？

我们需要生态系统，但对其了解甚少，我们倾向于将它们

一片森林就是一个大型生态系统
Photo by Guy Bowden on Unsplash

的服务视为理所当然的。有些生态系统(例如湿地)的作用并非显而易见。湿地是世界范围内极为重要并且正在快速消失的生态系统,也是重要的防洪构造、鸟类和野兽的栖息地以及水的天然净化器。停车场的好处是显而易见的,然而有时它们会破坏湿地。人类活动侵犯并且改变了生态系统,尽管其初衷往往是好的,但是由此带来的负面影响,生态学家对于其重要性才刚刚开始有所认识。对于普通人而言,要了解这些影响是非常困难的,正如对于一个把车开到超市停车场的人来说,他关心的是购物清单,而不会去思考(或者根本没有意识到)这个停车场的柏油铺装会对生态系统造成什么样的破坏。

也许这就是为什么联合国认识到过去50年中生态系统的变化非常剧烈,进而资助了千年生态系统评估(Millennium Ecosystem Assessment,简称MA)[①]这个项目。这是一个由全球众多专家共同参与的重大评估项目。千年生态系统评估的内容之一是识别了生态系统所提供的重要产出。这些产出就是众所周知的"生态系统服务",对于包括人类在内的所有物种而言,其价值非常巨大,但是,根据千年生态系统评估的发现,生态系统服务的价值正面临重大风险。

千年生态系统评估确定了四种主要类别的生态系统服务(不同类别之间会有重叠):供应服务,如提供食物、木材和药物;调节服务,如授粉、防洪和防侵蚀,以及水的净化;文化服务,如提供休闲娱乐;基本支持服务,如使其他所有服务成为可

---

① 千年生态系统评估是2000年联合国秘书长科菲·安南提出的关于人类对环境的影响的一个重要评估项目,于2001年启动,2005年发布报告,资助额超过1400万美元。该评估报告推广了"生态系统服务"这一术语,即人类从生态系统中获得的惠益。——译者注

能的光合作用。

让我们重温一下墨西哥湾案例,那里的大柏树湿地起着重要的防洪作用,并且为鸟类提供了栖息地,这是一个调节服务的例子。那里的柏树也被采伐和出售,用于各种用途,于是生态系统也因伐木而提供了供应服务。但是采伐消耗这些柏树,已经破坏了树木阻挡卡特里娜等飓风的防护作用,也破坏了这些树木原本可为鸟类生存提供支持的作用。这是我们人类不断增长的人口索取生态系统服务,同时削弱这种服务所呈现出来的挑战和风险的典型案例。其他著名的案例还有亚马孙雨林的破坏以及20世纪90年代大西洋鳕鱼渔业因过度捕捞而崩溃。

当然,也有另一种情况,即生态系统服务提供可持续的和有经济吸引力的替代方案。纽约市北部的卡茨基尔山就是一个例子。纽约市有数百万用户依赖卡茨基尔山为其提供天然水源,而那里的水源的水质已经因土地开发而退化了,同时又面临着遵守联邦饮用水标准的要求。纽约市当时面临的一种选择是,建造过滤装置来净化水质变差的水源,这项工程估计需要40亿~80亿美元的建造成本以及每年3亿美元的运营成本;另外一种选择是,以低于20亿美元的成本制订和实施卡茨基尔流域保护计划。在20世纪90年代初,该市选择了后者。该计划包括土地收购、雨水系统改造、化粪池系统升级、农业控制和溪流管理等要素。该计划到现在仍然是成功的,卡茨基尔山至今仍不需要建造昂贵的过滤装置。

什么是生物多样性?

生物多样性是各种形态的生命的丰富程度,以及这些生命形态之间的相互关联。与生态系统的概念类似,尽管生物多样性这一概念有着重要意义,但是其进入环境词典的时间却较晚,最早出现在20世纪60年代后期。自20世纪80年代以来,通过著名的生物学家、生物多样性倡导者E. O. 威尔逊(E. O. Wilson)等科学家的工作,生物多样性已成为环境决策和问题解决的极其重要的组成部分。它包括三大类:物种多样性、遗传多样性和生态系统多样性。

物种多样性涉及某一特定区域内的植物、动物和微生物的种类数量。例如,它是春天里位于新英格兰地区的我家后院的兔子、花栗鼠、田鼠、知更鸟、鸢尾花、蒲公英、乳草、蜜蜂、黄蜂、蚯蚓、真菌、细菌和人的集合,这还只是生活在这样一个空间里的所有生命形态的一小部分。佛罗里达州中部的一个庭院可能看起来和我的院子差不多,但是那里的物种类型可能与我院子里的不同,而且可能种类更多。在较为温暖的地区,特别是在热带地区,物种多样性程度较高。

遗传多样性与物种之间的基因差异有关。尽管暹罗猫与缅因猫属于同一物种,但它们的基因不同。尽管我们与自己的兄弟姐妹有相同的父母,但我们的基因不同。缅因州近海围栏养殖的鲑鱼与同种的野生大西洋鲑鱼的基因也不同。

生态系统多样性与各种生态系统之间的差异有关。例如,森林、沙漠和池塘是不同的生态系统,并且每一种生态系统都有各种亚型。森林是生态系统，但格林山脉的枫树和橡树林与落基山脉的白杨和松树林不一样；季节性池塘是生态系统，但是人们在佛蒙特州格林山脉的小路附近见到的池塘，与他们在爱达荷州落基山脉徒步旅行时所见的池塘可能并不一样。

什么是物种？

科学家还没有给出一个统一的定义，而且关于这一术语的确切含义在科学和哲学层面存在较大争议。甚至连达尔文在思考物种起源时也没有试图解决这个问题。微生物学领域的发现，比如我们对 DNA（脱氧核糖核酸）的了解，使这个问题变得更令人困惑。然而，毫无疑问，物种的概念非常重要：物种是

小池塘也能形成一个小型生态系统
Photo by Red Zeppelin on Unsplash

生物分类的最基本要素，物种是生态系统和生物多样性研究的核心，人类已经制定了法律来保护物种。最为重要的是，一个现存的物种就代表了一个延续数百万年的进化过程。因此，物种在本质上是具有高度耐受性和适应性的生命体，它们无疑具备生存所需的最佳生物化学组合。

鉴于物种概念在各种情境下的重要性，合理有效的定义不仅至关重要，而且确实已经存在。美国环境保护署给出的定义如下：一个物种是"由彼此之间能够繁殖的相似个体组成的生物集群"。物种的命名通常包含两部分，首先是较大的属，然后是种，种是属的一部分。因此，人类是智人种（*Homo sapiens*），智人种是智人属（*Homo*）的一部分，是该属唯一幸存的种。所有其他智人，如直立人（*Homo erectus*），都已灭绝，尽管人类中的许多人携带来自尼安德特种（*Homo neanderthalensis*）的遗传基因。

地球上生活着多少物种？

这是最基本的科学问题之一。没有确切的答案，原因之一是"物种"很难界定；原因之二是，即使有合理定义，我们也还没有收集到足够的相关数据；原因之三是新的物种一直不断地被发现；原因之四是，我们根本没有投入足够的经费来提升我们的认知。不过，可靠的估算值确实存在。2011 年，海洋生物普查计划（*Census of Marine Life*）宣称地球上有 870 万种生物，其中 220 万种生活在海洋中。给出这一研究结论的研究者们还指出，引人注目的是，地球上 86% 的现存物种，以及 91% 的海洋物种，尚未被人类发现。一位杰出的生态学家已经指出，如果光临我们这个星球的外星来客问有多少物种住在这里，而当我们碰巧需要回答这个问题时，我们会感到非常尴尬。可是如果一个外星人要求我们提供从1903年到现在美国职业棒球大联盟所有球队的击球率、平均得分或其他统计数据，我们可以毫不费力地找出来。

地球上的物种灭绝的速度有多快？

物种灭绝是自然现象。地球曾经以自然的速度（人类活动成为主要原因之前的灭绝速度），即每年1～5个的速度失去物种。但物种灭绝的速度在当今绝对不正常。联合国报告，由于人类活动，物种正以自然速度的50～100倍速灭绝，如图7.1所示。预计很快就会有3.4万种植物和5200种动物加入灭绝物种的行列中，其中包括人类喜爱的狮子、老虎、大象和鲸鱼等

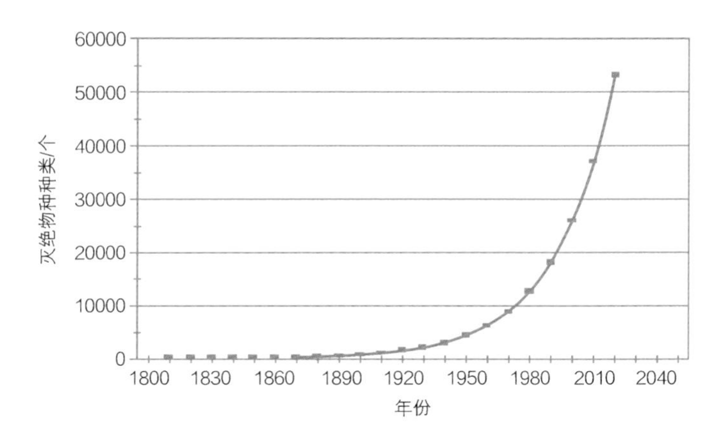

图7.1　1800年以来的物种灭绝

资料来源：生物多样性研究中心(Center for Biological Diversity)官方网站。

动物,它们的数量正急剧下降。有 12.5% 的鸟类也面临着灭绝。

这就是为什么我们正处于所谓的第六次物种大灭绝时期,这是自 6500 万年前恐龙灭绝以来物种破坏最为严重的时期。第六次物种大灭绝也是唯一一次不是由小行星撞击、火山爆发或地球变暖等自然事件引起的灭绝。它是直接由包括城市化、森林砍伐、污染和气候变化等在内的人类活动造成的后果。

描述这种现象的另一个术语是"人类世"(Anthropocene,该词源自希腊语 anthropos 和 kaines,其含义分别为人类和新时代)。"人类世"是一个未被正式认可的地质年代,通常认为从工业革命开始,由化学家、诺贝尔奖获得者保罗·克鲁岑(Paul Crutzen)和生物学家尤金·斯托莫(Eugene Stoermer)于 2000 年提出并推广。负责确定地质年代的组织国际地质科学联合会(International Union of Geological Sciences)已经成立了人类世工作组,以决定是否应该将人类世视为与当前的全新世以及其他地质年代(例如更新世)同一级别的地质年代。在任何情况下,"人类世"一词都体现着一个非常重要的事实:我们生活在一个前所未有的时期,这个时期的自然环境正发生着极其消极的改变,我们意识到我们对此负有责任。

我们为什么要关注物种消失?

原因有许多,最主要的是以下三个:物种使生态系统保持平衡、健康;它们为我们提供了创新模板;还有,它们非常美丽。所有这些好处,更不用说常伴它们而来的经济利益,都会随着物种的减少而减少。

失去平衡的自然是可怕的，实际上也理应如此。纵观人类历史，从圣经里描述的可怕的蝗灾，到观看希区柯克执导的电影《群鸟》时所感受到的惊悚（电影里鸟类的数量远远超过了人的数量），人们一直在担心自然失衡。保持自然平衡非常复杂。不同物种通过各种方式相互依存对于实现自然平衡至关重要。以美国黄石国家公园生态系统中的灰狼为例，20 世纪初，灰狼在整个美国西部被猎人和农民消灭殆尽，因为他们担心自己的牧群会成为狼的食物，而在 20 世纪 90 年代，狼被重新引入黄石国家公园，原因之一就是为了在一定程度上控制迅速壮大的麋鹿群（灰狼灭绝使其不再受到狼群的控制），并重新恢复白杨、柳树以及其他被麋鹿群过度消耗和践踏的植被。狼的重返为鸟类、海狸和其他野生动物创造了更好的栖息环境，甚至帮助受威胁的灰熊种群得到恢复。狼对一些农民来说是个麻烦，但它们在健康、平衡的生态系统中发挥着重要作用。尤其重要的是，它们充当了“关键物种”的角色，也就是说，它的消失可以从根本上改变整个生态系统。关于海龟、鲨鱼、大象、蜜蜂以及除智人之外的几乎任何物种对平衡和健康的生态系统的贡献，我们都可以进行类似的观察。

一些归功于人类的最佳创意直接来自我们对其他物种的观察，或者受其启发。在人们所依赖的药物方面，其他物种的贡献最为显著。如果你知道物种在超过数千年的进化过程中凭借巧妙的化学手段生存下来，就会觉得这是有道理的。紫杉醇是一种重要的抗癌成分，首次提取自太平洋紫杉树。太平洋紫杉树长期以来被认为是一种垃圾树，经常在伐木作业中被摧毁。20 世纪 80 年代，研究人员与美国国家癌症研究所(National Cancer Institute，NCI)签订合同，找寻可以对抗癌症的天然物质，紫杉醇因此被发现。1992 年，美国食品药品管理局批准将紫杉醇用于治疗卵巢癌。据美国国家癌症研究所称，含紫杉醇的抗癌药物十分畅销，销售额已超过 15 亿美元。植物来源的处方药有很多很多。阿司匹林是最著名的非处方止痛药之一，其主要成分最初来自柳树的树皮和叶子。拜耳(Bayer)公司推出的产品不仅帮助数百万人极大地缓解了病痛，并且为公司带来了惊人的收入。青霉素是一种非常重要的抗生素，来自一种偶然被发现的天然真菌。动物对药物也有贡献。最近，研究人员似乎已经发现了大象癌症发病率低的遗传原因，这可能会为人类更好地治疗癌症指明方向。这种贡献是

海龟
Photo by Wexor Tmg on Unsplash

巨大的，而且物种不仅仅对药物有贡献。业余登山者和发明家乔治·德梅斯特拉尔(George de Mestral)一次远足归来，因无法去掉黏附于狗毛和他自己裤子上的毛刺而对此很着迷。通过在显微镜下仔细检查，他看到了细小而顽固的钩子，于是开发出了魔术贴的雏形。

地球上众多物种的美丽令人惊叹，但不可复制。想象一下没有孔雀、火烈鸟、狮子、海珊瑚或灰狼的世界吧。想一想这些生物以及类似的其他生物所激发的艺术创造力：伊甸园的想法，纽约公共图书馆主入口台阶景观中的狮子雕像，帕特农神庙的楣上或毕加索的油画《格尔尼卡》中的马，莫奈笔下的睡莲。如此美丽的生物怎么可以灭绝？在 20 世纪 30 年代，有 700 万～1000 万头大象在非洲漫游。如今，其数量迅速下降到

火烈鸟

Photo by Danny Gallegos on Unsplash

只有30万头。亚洲狮直到19世纪末还遍布亚洲各地。亚洲狮是但以理在狮穴中遇到的物种[①]，也是在伊什塔尔大门[②]上游走的物种。现如今只有在印度的吉尔森林还幸存着几百头亚洲狮。具有讽刺意味的是，这种巨狮之所以濒临灭绝，是因为它的美丽让它成了竞技猎人的奖杯。据报道，19世纪50年代后期，一名英国军官在不到两年的时间里就杀死了50头亚洲狮。

如果地球上的物种有数百万之多，是否可以牺牲掉一些呢？

多年以来，这个问题一直是导致开发者和环保主义者之间、商业企业和监管部门之间发生冲突的根源，特别是自从1973年美国颁布著名的《濒危物种法》以来。与其他重大环境问题类似，这其中有现实问题，即如何满足不同的社会需求与价值取向需求；也包含伦理问题，即人类所肩负的对自己的子孙后代和其他物种的保护责任。当然，从过去大约50年里人类活动已经造成许多物种灭绝的事实来看，对于这一问题，我们无疑已经一次次地给出了肯定的答复。这是否是正确答案，或者说因人类活动而消失的物种是否是必要的，仍在激烈辩论中，例如著名的西点林鸮争议。一个更好的答案可能是，只有在考虑了所有可用数据和每种可能的替代方案后，人类才可以出于最佳原因允许物种灭绝。我们很少尝试这样做，甚至无法

---

① 但以理在狮穴是《圣经·旧约》中的神迹故事，详情可参阅《圣经·旧约》中的《但以理书》。——译者注

② 伊什塔尔大门又名"伊什塔尔女神门"，是公元前19至7世纪繁华的古巴比伦城的城门，城门高大而壮丽，门上雕刻着狮子。——译者注

做到。这是因为,关于我们的地球到底是如何运转的,地球上的物种所携带的秘密,以及物种灭绝可能带来的长期影响,我们了解得太少太少,因此我们无法做到在规避重大风险的情况下,允许那些已在地球上生存了无数代的动植物灭绝。

那么,最终可靠的答案一定是:除非物种自然灭绝,否则我们不能放弃任何一个物种。我们根本无法断定某一特定物种有没有实际价值,主要原因是我们对大多数物种灭绝的后果并不清楚。例如,随着亚马孙雨林以及许多不为人知的物种的减少,制药公司进行生物勘探的想法就会更强烈,因为它们知道它们可能会失去什么(可能失去的是又一种“重磅炸弹”式的抗癌药物)。失去蜜蜂的地球生态系统将会是什么样子,对此我们并没有可靠的认知,它从金字塔时代开始为我们提供蜂蜜,还为许许多多粮食作物授粉。可是,我们确切地知道的是,它的种群数量正在急剧减少。

为什么保护西点林鸮如此有争议?

西点林鸮体型中等,棕色的羽毛上有着白色的斑点,生活在美国西北部和加拿大附近的原始森林中。西点林鸮之所以喜欢原始森林,是因为那里各种生物混居,有挺立的乔木,也有枯死的乔木,并且它可以在层层树冠下的开敞空间中飞翔,这样的空间是需要150~200年方能形成的原始森林的特征。西点林鸮终其一生都生活在一个地理区域。它很怕受惊扰,但尴尬的是,它要与产值数十亿美元的伐木业分享它的栖息地:原始森林是雪松、冷杉和云杉等具有商业价值的树木的家园。在美国太平洋西北地区,1989年原始森林的木材采伐量为50亿板英尺[1]，是1940年采伐量的10倍。

1990年，根据美国《濒危物种法》，西点林鸮被列为濒危物种，它面临的主要威胁是伐木者对原始森林的破坏（加拿大也宣称受到了类似的威胁）。伐木业因此受到了限制。伐木者和环保主义者之间发生了巨大的冲突：至少在表面上是饭碗和鸟的冲突。伐木业声称该行业将损失数万个工作岗位。环保主义者声称不仅西点林鸮，整个原始森林生态系统都处于危险之中，因为西点林鸮是一种“指示种”，就像众所周知的煤矿中的金丝雀一样，它衡量着它所生存的生态系统的健康状况，并预示着生态系统中其他物种的灭绝。每个人都认可拯救西点林鸮会减少工作岗位，但环保主义者认为，一旦剩余的森林遭到砍伐，这些工作岗位也将迅速消失。

有关西点林鸮的争议不仅引发了就业与环境之间的冲突，还引发了许多其他问题：如果一种可爱的小鸟将会在我们手上灭绝，我们应该在乎吗？为了保护这种小鸟和它们所警示的其他将灭绝的物种，我们肩负着怎样的责任？该物种可能为我们提供哪些我们至今未知且将随着它们的灭绝而永远消失的东西呢？木材究竟有多重要？有可靠的替代品吗？我们需要禁止砍伐多长时间才能找寻到替代品呢？

不同的人会有不同的回答。就以挑选小提琴弓来说，一名优秀的小提琴手可能想要挑一把用濒临灭绝的巴西红木制作的琴弓。巴西红木非常柔韧耐用，250年来一直是制弓者的首

---

① 板英尺（board foot），是计量木材体积的单位，1000板英尺≈2.36立方米。理论上，1板英尺是1英尺×1英尺×1英寸，即1英尺见方、厚度为1英寸的木板。——译者注

选。一名关心环境问题的小提琴初学者则可能偏向于选择碳纤维弓。这种弓随处有售，虽然它可能不够好，但不会耗尽巴西红木。一名负责任的小提琴手应该怎么做？我们可以建议此人寻找一把非凡的旧的巴西红木琴弓并重复使用，或者使用碳纤维琴弓，或者也可以使用新的巴西红木琴弓，但与此同时要为国际巴西红木保护计划慷慨解囊。

《濒危物种法》是什么？

《濒危物种法》是美国唯一一部直接聚焦生物多样性的环境法律。理查德·尼克松在签署《清洁空气法》两年后，于1973年签署颁布这部法律。

小提琴
Photo by Clem Onojeghuo on Unsplash

《濒危物种法》始于下述深思熟虑和重要的全球环境承诺：

(1)因缺乏足够的关注和保护，美国有许多鱼类、野生动物和植物伴随着经济增长和发展而灭绝了；

(2)还有其他一些鱼类、野生动物和植物因过度开发而濒临灭绝或受到了威胁；

(3)这些鱼类、野生动物和植物，对于美国及其公民具有审美、生态、教育、历史、娱乐和科学上的价值；

(4)美国已承诺作为一个主权国家，在切实可行的范围内保护面临灭绝的各种鱼类、野生动物和植物。

《濒危物种法》授权美国内政部、鱼类及野生动植物管理局、国家海洋渔业局列出濒临灭绝(有灭绝危险)或受威胁(在可预见的未来可能会濒临灭绝)的物种名录，因为这两个概念在政府法规中已有定义。与此同时，这些机构应该为名录中的濒危物种指定“重要栖息地”。此外，根据《濒危物种法》，政府行为不得危害名录所列物种或对其栖息地造成负面影响。该法案对私人权利也有限制，例如，当房屋的主人为清理草坪上的繁枝密叶而破坏濒危物种的重要栖息地时，或者农民为保护其作物而消灭濒危物种个体时，就可能违反《濒危物种法》。该法案还被用于保护面临气候变化风险的物种。北极熊就是这样一个例子，它被列为受威胁的物种，因为它赖以生存的海冰正在融化。

《濒危物种法》所涉及的诉讼案件一直是最难审理的。前文所述的西点林鸮争议，肇始于美国鱼类及野生动植物管理局将其列为濒危物种并保护其重要栖息地(古老的森林)的行动。毫不奇怪，《濒危物种法》造成的冲突经常涉及保护私有财产权与保护濒危物种之间的冲突。

有多少物种濒临灭绝?

太多了,无法在此一一列举。截至2016年10月,美国鱼类及野生动植物管理局已将全球2277个物种列入濒临灭绝或受威胁物种名录,其中1604个物种在美国濒危。此名录可能是动态的,随着实际情况的变化,名录的物种可能被添加或删除。显然,该名录是不完整的,因为如前所述,地球上的物种,无论是现存的还是已灭绝的,我们只认识了其中的一小部分。世界自然保护联盟(International Union for Conservation of Nature,IUCN)红色名录是查明全球濒危物种现状的权威资源,可以通过网络轻易地访问。为了获得令人警醒的体验,人们可能会查询已灭绝物种名录(仅涵盖16世纪后灭绝的物种),并且深思这一事实,即这800多种植物和动物中的每一种都一度繁荣,却很可能因人类活动而灭绝了。其中就包括漂亮的旅鸽,它可以以每小时60英里的速度飞行,并且曾经有数十亿只之多,直到它突然在美国餐桌上灭绝。其最后一名成员,玛莎(Martha),于1914年在辛辛那提动物园(Cincinnati Zoo)去世。

什么是入侵物种?

入侵物种是那些从其原生地被带到新的生态系统并在那里蓬勃发展的物种。它们的体型或大或小,有植物也有动物。由于在新的环境里没有天敌或竞争者,入侵物种通常会生存下来并疯狂繁衍。它们主要通过人类活动传播:在甲板上,在板条箱里,或者被当作观赏植物传播却最终流落到野外。入侵物种的数量随着人类流动的增加而增加。19 世纪,千屈菜作为观赏植物来到美国东北部。它在夏季铺满沼泽和潮湿的草地,看起来很漂亮。但是厚厚的、乱蓬蓬的千屈菜阻碍了所有其他植物的生长,并在此过程中破坏了鸟类和其他动物的栖息地。

在美国濒危物种名录中几乎有半数物种是因为入侵物种而处于危险之中的。当入侵物种占领新的生态系统后,就会发生如下情况:它们可能会破坏本地物种的食物来源、降低生物多样性,并带来疾病。气候变化有利于入侵物种,因为变暖的气候条件使它们得以进入异域的生态系统,并且导致不适应干旱生境的植物因入侵物种的侵扰而减少。

亚洲鲤鱼是一种古老的鱼类,数千年来在中国的艺术、文化和美食中占有重要地位。在美国,人们对亚洲鲤鱼也不陌生,它于 19 世纪初被引进,一直被当作食用鱼类,也被投放到特定的地方去清理烦人的水草。20 世纪 70 年代,美国南部的渔民从中国引进了一些亚洲鲤鱼来清理他们的商业池塘。这些亚洲鲤鱼逃出池塘并一直沿密西西比河溯行,现在已威胁到五大湖流域。它们个头很大,跳得很高,因而生性威猛。如果它们到达五大湖,那么它们可能会摧毁商业渔业和休闲渔业,并极大地破坏生态系统。它们对休闲游艇业的影响也会令人不寒而栗:众所周知,它们可以使皮划艇倾覆。美国国会通过了几项法律,以控制掠食性的亚洲鲤鱼,甚至试图通过投入专项资金安装电气屏障,用以切断亚洲鲤鱼从密西西比河水域进入五大湖地区的途径。

入侵物种并非美国所特有,它们引发了一个全球性问题。例如,欧盟委员会将其描述为“对欧洲本土植物和动物的主要威胁,每年给欧洲经济造成数十亿欧元的损失”。

为什么遗传多样性很重要?

1845—1849 年的爱尔兰马铃薯饥荒导致近 200 万人死亡,并迫使大约 200 万爱尔兰人移民,其中许多人去了美国。事件的主因是由致病疫霉感染导致的马铃薯晚疫病,在异常温暖的气候条件下,大多数人口所赖以生存的一两种高产马铃薯受到了致病疫霉的感染。致病疫霉在爱尔兰是一种入侵物种,它可能来自美洲。爱尔兰马铃薯缺乏遗传多样性,导致该作物

亚洲鲤鱼

Photo by Duy Nguyễn on Unsplash

整体上大量减产：仅依赖一两个品种意味着没有其他品种能够取代那些无法抵抗马铃薯晚疫病的品种。

导致爱尔兰马铃薯饥荒的农耕方式被称为单作：一遍又一遍地在同一地方种植同一种作物。单作是美国的主要作物种植方式。出产琥珀色谷物的美国大平原，加利福尼亚州富产的帝王谷，以及佛罗里达州的柑橘园都依赖于单作农业。单作农业有许多好处：高产（如爱尔兰马铃薯），产量稳定，易于收获。但是，由于单作农业偏重于相对较少的作物品种，因此它具有很大的缺点。单作农业的主要缺点之一是缺乏遗传多样性，使作物易受病害影响（并越来越依赖化肥和杀虫剂来对抗病害），也使单作生产的农民易受到有经济破坏性的作物损失的影响。从根本上说，遗传多样性确保物种能够适应气候变化这样的自然条件改变，抵抗病害，并且具有足够的多样性来抵御某一品种消失所造成的影响。

农业活动是清洁甚至“绿色”的活动吗？

如前所述，农业活动，特别是大规模的农业活动，是最重要的污染源之一。以19世纪和20世纪初的美国独户农场为主题的古色油画描绘了这样一个场景：农场里面有几只鸡，一小群在附近牧场吃草的牛，一些苹果树，一个菜园，以及以石栅为界的干草垛和玉米田。“田园”和“牧歌”这些词语具有令人愉快的内涵，通常用于描述这个画面。它们不仅将农业活动视为可爱的活动，而且隐性地认为农业活动对环境的影响较小。许多人依然如此看待农业。然而，如今的农业很少看起来像油画所描绘的那样。具有混合用途和副产品循环利用（例如将牛粪用作当地农田和花园的肥料，再反过来用所生产的作物喂养牲畜)的小型农场往往让位于大型农业企业。大型农业企业的目标可能是生产单一作物，在那里，大型饲养场取代了小型畜群，合成肥料取代了天然肥料。在美国，现今摆放在桌子上的大部分肉食是在大型工业化农场(通常称为集中动物饲养场)里生产的，家庭农场正在消失，让位于二手房屋或住宅开发，或者转为酒店或家庭旅馆。

就如同 20 世纪中期的绿色革命一样，它利用技术、化肥和农药使作物产量大幅度增加，现今的工业化农场也使用类似技术大大提高了畜牧业的生产效率。自 1960 年以来，牛奶、肉类和鸡蛋的产量急剧增加。1950 年，培育一只 5 磅重的鸡需要 84 天，50 年后则只需一半的时间。美国的农业政策鼓励发展

牛养殖场
Photo by Markus Spiske on Unsplash

工业化农场，给予补贴并且监管松弛。消费者则花费更少的钱来获取工业化农产品。但是，这种效率也伴随着严重的环境后果。除了造成地表水和地下水污染之外，工业化农业还有以下问题：集中动物饲养场产生数量巨大而集中的粪便。由于农场并不种植饲料作物，因此这些粪便通常被储存起来（比如储存在开敞的潟湖中），而不是被施到土壤中做肥料。粪便会散发气味或者渗入地下水，这是其主要问题。集中动物饲养场通过向动物投喂抗生素和生长激素，使动物在短暂的、受约束的生命中保持健康，这些抗生素和激素也最终出现在动物的粪便以及食用集中动物饲养场所生产食品的人的体内。集中动物饲养场向空气中排放多种污染物，其中的颗粒物是哮喘的主要诱因，而甲烷则会加剧气候变暖。

集中动物饲养场目前主导了全球肉类食品生产。据估计，全球72％的家禽、43％的鸡蛋和55％的猪肉产自集中动物饲养场。虽然集中动物饲养场起源于美国和欧洲国家，但是在发展中国家也越来越多地出现在肉类食品生产领域。

如何控制集中动物饲养场的污染？

这类污染在美国没有得到很好的控制。集中动物饲养场产生的大量粪便通常不被视为受联邦废物法律管制的废物，因为它通常被当作有用的副产品（肥料）施于农田，其实这是有争议的，这种利用方式可能导致地下水污染，并且与其说是施肥，不如说更像废物处理。《清洁水法》对集中动物饲养场施加了一定的控制，但是力度不够。各州通常会制定农场权利法，以限制对集中动物饲养场发起诉讼并获得成功的可能性。在地方一级，卫生部门有权解决集中动物饲养场引发的公共卫生问题。尽管有一些雄辩者倡导在农业生产和美国农业部门的计划中推动重大变革，但是这些集中动物饲养场对空气、地表水和地下水造成的污染问题最终并未得到充分解决，公众健康和环境没有得到保护。此外，欧盟也是集中动物饲养场改革的领导者。

土壤是生态系统吗?

当然是。常言说的“便宜如泥”，就反映了人们普遍轻贱土壤。而看重土壤者则称之为地球的皮肤。土壤（特别是表土）这一覆盖地球局部表面最上层几英寸的富含碳和生物相的物质，使植物得以生长，是一种宝贵的资源，同时也是一个生态系统。它是数量巨大、种类多样的生物特别是小型生物的家园，是全球生态系统最基本的生物循环（包括氮循环和碳循环）过程的主要参与者。表土覆盖面积仅占地表面积的10%左右，而且规模化养殖、道路和建筑施工等活动正在迅速损耗表土，损耗速度远远超过其再生速度。根据一些计算结果，以目前的损耗速度，地球的表土仅能维持大约60年。这是一个全球性问题，不仅存在于美国和俄罗斯等工业化国家，而且存在于世界上较为贫穷的地区。

20世纪30年代在美国发生的“黑色风暴事件”，是因为在强风暴和干旱的胁迫下，不合理的耕作方式破坏了富饶的大平原上数千年来维系生命的丰沃土壤和牢固植被，并且从19世纪60年代开始，在《宅地法》激励下，人们成群结队地来到这里定居。这些定居者犁除了草原禾草[利用约翰·迪尔（John

Deere)发明的高效而结实的钢犁]以生产美国不断增长的人口所急需的小麦,过度放牧牛群又进一步导致禾草减少,这就使得定居者在不知不觉中陷入了他们自己制造的悲剧。最终结果是裸露的、干燥的、贫瘠的土壤被猛烈的风吹走了,40 万人逃离或死亡。约翰·斯坦贝克(John Steinbeck)在《愤怒的葡萄》一书中描写了这一悲剧,伍迪·格思里(Woody Guthrie)在《沙尘暴布鲁斯》中也唱到了它。“黑色风暴事件”令美国举国震惊,美国土壤保持局应运而生,富兰克林·罗斯福政府采取了许多紧急措施,并引入了轮作和作物覆盖法等新的土壤管理技术。但是,存在问题的农业生产,加上人口不断增长所带来的需求,导致农业生产区的压力仍然在持续增加。

当前的一个例子就是加利福尼亚州的中央山谷。中央山谷长约 450 英里,宽约 50 英里。自然主义者约翰·缪尔在 20 世纪初这样描述中央山谷:“平坦而绚丽,就像一个纯净的阳光湖。”它是世界上最肥沃的山谷之一,为美国提供 25%的食物。那里有全美 17%的灌溉土地,以支持这一生产力。灌溉用水主要来自正在枯竭的地下含水层。事实上,随着地下水位的下降,中央山谷正在发生严重的地面沉降。中央山谷的大部分生产力(通常来自工业化农场)依靠化学肥料、杀虫剂和抗生素来维持其收获量。山谷中有美国规模最大的一些集中动物饲养场,以及美国主要食物(例如,胡萝卜、西红柿)的最大生产商。中央山谷的环境可持续性面临着风险,因为它正在与退化的土壤、干旱和不断扩张并侵占其土地的郊区做斗争,更不必说山谷中通常较差的农场工作条件所引发的紧张的社会问题。但是,中央山谷也是许多农场发展可持续农业的家园,这得到了许多地方组织和学术机构的支持。可持续发展的中央山谷将有可能整合可持续发展的三大支柱:环境保护、经济收益和社会公平。

为什么生态系统多样性很重要?

生态系统之间是相互联系和相互依存的,彼此提供不同类型的支持,并因此而需要保持多样性。珊瑚礁是非常有价值的生态系统,而且目前正面临着巨大风险,但是如果50%的海洋被珊瑚礁所占据,致使其他类型的海洋生态系统被排挤掉,那么海洋就会成为不健康的地方。此外,人类所依赖的生态系统服务来自多种多样的源头。湿地提供的服务是森林密布的高地无法提供的,反过来,森林密布的高地提供的服务也是湿地

湿地有其特殊的服务功能
Photo by Efraimstochter on VisualHunt

无法提供的。如果生态系统失去平衡,正如全球许多地方所发生的那样(例如,随着热带雨林的退化而出现的生态失衡),那么其影响会波及其他地方,生态系统为人类和其他物种所提供的服务也会消失。

生态系统如何受到保护?

在美国,尽管生态系统及其提供的服务至关重要,但直接涉及生态系统保护的联邦法律相对较少。在美国制定《清洁空气法》和《清洁水法》的那个年代,保护生态这一概念还没有被列入国会环境行动的议程。没有与《清洁空气法》和《清洁水法》地位相当的生态系统保护法律。这是美国环境法的一个根本缺点。

除《濒危物种法》以外,美国有一些法律涉及生态系统保护,虽然并不全面。《国家环境政策法》要求密切关注联邦主要行动的整体环境影响。1972 年的《海洋哺乳动物保护法》虽然涉及的范围有限,但却是全球第一部要求采用生态系统方法处理海洋生物资源的法律。其他法律,例如 1968 年的《荒野风景河流法》、1972 年的《海岸带管理法》和 1976 年的《马格努森-史蒂文斯渔业养护和管理法》都涉及特定的生态系统,但是这些法律很少关注生态系统之间的相互关系。这些法律相对来说不大奏效。例如,根据《荒野风景河流法》建立的国家河流保护体系,仅保护了全美不到 0.25%的河流,而美国 17%的河流已被大型水坝改造,并对生态系统产生了不可逆转的负面影响。

与美国的情况一样,其他国家也有以各种方式保护生态系统的各种法律。例如,几乎所有国家都有要求对影响环境的主要行动开展环境影响评估的法律。欧盟有许多针对生物多样性和物种保护的法律与指令,包括1992年的《栖息地指令》,它们不仅保护动植物物种,还保护大约200种栖息地。各国政府也针对特定物种开展了保护工作。例如,2009年印度环境和森林部启动了符合印度野生生物法律的雪豹项目(Project Snow Leopard),以应对在保护雪豹及其占据的大型且具有重要生态意义的喜马拉雅山脉方面所面临的复杂挑战。这些涉及生态系统保护的万花筒般的法律以及相关政策和倡议,目前正在世界各地发挥作用,尽管不够全面,但是前景广阔。非政府组织和联合国围绕这一广泛存在而重要的问题所开展的工作同样重要。

可持续性与生态系统之间的关系是什么?

对可持续性的关注常被用于监测生态系统和生物多样性。任何人类活动,如果对湿地、森林、物种或者生态系统服务(这种服务保障了人类的基本生存和精神愉悦)构成重大威胁,那么都是不可持续的。然而,人类更关注短期而非长期目标,而可持续性则关注未来。当人们考量储量巨大的资源,比如海洋渔业资源、林木密布的山坡和肥沃的平原等时,很容易陷入一些人所称的"富足意识形态"(ideology of abundance),这已导致不可持续的实践活动盛行多年。人们怎么可能耗尽像海洋中的鱼儿这样的取之不尽的资源呢?

因此,大西洋鳕鱼捕捞业专注丰收季节的渔获量这一短期目标,而不顾整个鳕鱼捕捞业可能因过度捕捞而崩溃的长期前景,这就不足为奇了,就像1992年发生在加拿大纽芬兰省的那次灾难,经济损失至少为20亿美元,成千上万的人失去了工作。在经过100多年的稳定捕捞后,引进配备声呐和其他技术装备的强大拖网渔船来大幅增加鳕鱼渔获量,最后导致鳕鱼捕捞业崩溃,这是不可持续的。如果仅捕捞鳕鱼的增殖量,而不是耗尽保持其种群完整所需的临界资源(比如捕获其他许多非商业鱼类,而这其中一些鱼类实际上对鳕鱼有保护作用)而导致生态系统退化,那么该行业有可能实现可持续发展。

如今,在柬埔寨,被当地人称作大湖的洞里萨湖(Tonle Sap Lake)每年产出大量鱼,养育着150万人口。拥有商店、民居和学校的水上村落漂浮在湖面上。柬埔寨的人口增长迅速,每年大约增长2%。科学家和当地居民担心,人口不断增长带来的捕捞压力和其他压力会对该湖泊构成威胁。洞里萨湖不是一个孤例。联合国估计,如果预期的人口增长和消费模式继续存在,世界上很大一部分渔业将面临风险并且不可持续。

同样不足为奇的是,工业化渔业的短期效益,例如鳕鱼捕捞业崩溃之前的季节性捕捞,使得人们很难看到这种盛行的渔业生产方式的远期危险。许多生态学家认为,目前的渔业生产方式对后代来说是不可持续的。

生物多样性的丧失与其他环境问题一样重要吗?

生物多样性的丧失有许多可以理解的原因,其中包括人口爆炸性增长带来的压力,特别是在发展中国家,例如,需要砍伐更多森林以种植作物，需要捕捞更多鱼以维持生计，以及需要获取更多象牙等有商业价值的物品以赚取钱财。在发达国家，消费者对各种有吸引力的食品的需求，以及这些国家对具有较长保质期的完美农产品的普遍依赖，已将农业生产推进了化学实验室。在化学实验室，人工肥料、杀虫剂、除草剂和转基因种子的发展，对农场收入的基线、消费者的满意度以及适销性都产生了积极的影响。世界各地谋求发展的愿望受到了人口增长和市场需求的激励，进而为道路、房屋、购物中心、度假村和工业园区寻求更多建设用地，其中一些最诱人的地块位于生态敏感地区。所有这些发展需求都威胁到了物种、生态系统和遗传多样性。

因此，生物多样性保护提出了重要的道德问题和现实问题，或者令农业生产部门感到沮丧。这些部门依赖单作农业、基因工程和化学品来生产竞争激烈的国际市场所需要的食品，并将其销售给苛刻的消费者。当人们意识到同样的做法不仅可以帮助人口稠密的东南亚增加粮食产量，还可以减轻农业扩张的压力及其对某些生态系统的威胁时，问题就变得更加复杂了。对房地产开发商来说，这也是一个令人沮丧的问题，它们的土地开发活动多年来一直被那些关注热带雨林、湿地或特定物种的人所阻止（或至少使开发进展变慢），这些活动最终都关系到生物多样性。

但是，对于健康的地球而言，生物多样性并不是一个微不足道的要求，而是一个核心要求。生物多样性的丧失威胁着生态系统、物种及其遗传基础，它也不是与其他环境问题无涉或优先序较低的问题。生物多样性主要通过维持生态系统稳定，在减轻环境污染和缓解气候变化方面发挥作用，正如这些问题在生物多样性的丧失中发挥作用一样：这一切事物都是彼此相关的。生物多样性问题并非“熏鲱鱼”[①]：没有人质疑地球正在以非常快的速度失去生物多样性。

因此，人类活动与生物多样性之间的关系十分紧张。解决这种紧张局势的必要性反映在联合国《生物多样性公约》中，该公约有近200个缔约国（但不包括美国）。在《生物多样性公约》的授权下，2010年许多国家同意制订生物多样性战略计划，作为“制止和最终扭转地球生物多样性丧失的基础”。2011年至2020年被指定为“联合国生物多样性十年”，以支持这一目标。

---

① 熏鲱鱼是“用来混淆是非的假线索”的代名词。因熏鲱鱼与狐狸味道相似，英国贵族用其来训练猎狐的猎犬。而传统的英国动物保护主义者则将熏鲱鱼挂在树林里和原野上，用来扰乱猎犬的嗅觉。——译者注

8 气候变化

什么是气候变化?

气候变化是指大气条件(包括温度、风力模式和降水)的长期变化。尽管像冰期-间冰期这样的气候波动在历史上曾不同程度地多次发生,但人们普遍认为,在过去65年左右的时间里,地球一直在以不自然的和前所未有的速度升温。这显然与化石燃料的消耗增加有关,与之相伴随的是温室气体和温室效应等相关现象。

气候变化很复杂。我们研究气候变化时会遇到诸多复杂问题,其中之一就是气候会受到不可预测事件的影响,例如世界经济转型会改变工业生产方式并因此改变温室气体的排放状况。此外,气候变化是一个全球问题,而不是局部问题,它需要一个全球性、跨学科和政府间的承诺来寻找解决方案,这些解决方案可能颠覆传统的地缘政治关系和人们已习惯的日常活动。但有一件事是肯定的:气候变化正在发生。任何负责任的专家都不会否认其存在和导致其发生的根本原因,以及如果我们采取漫不经心的行动来解决这个问题所可能带来的巨大危险。

天气和气候是一样的吗?

不一样,虽然可能并不总是很容易确定何时该用哪个术语。天气描述了相对较小区域内短期波动的大气条件,而气候是指某一地区多年平均的天气状况。例如,加利福尼亚州南部气候温暖且阳光充足,而洛杉矶明天的天气可能是阴凉多云。

遭遇一场异乎寻常的寒流会误导人们以为地球并未真正变暖。然而,寒流是天气现象,而不是气候现象。

人们有时想知道科学家如何能够预测50年后的气候变化,而不是1个月之后的天气。我们在早上出门时选择雨衣而不是风衣,是因为我们依赖于天气预报所描述的有关动态天气状况的信息,这些信息相当精确。有时这些信息的精确度以概率表示,当下雨概率为90%时,就可以选择带雨衣出门。气候预测不涉及这种精确度,因为这种预测旨在找到长达数十年的长期趋势。没有人知道几个月后丹佛是否会下雨,因为天气变化的不确定性太大,但可以预测未来几年美国西部的气候条件。同样,我们清楚地知道下周要花多少钱,但在长期规划中保持这种精确度比较困难。然而,根据过去的支出记录和未来数十年的预期支出,有可能预测未来几年的货币需求,这个过程有点像气候预测。

气候变化和全球变暖是一样的吗?

不完全是,虽然这两者经常互换使用。全球变暖是指近年与温室气体增加相关的地球表面温度上升。气候变化包括更大范围的大气条件(包括降水和风力模式)的变化。大多数科学家喜欢使用"气候变化"一词。例如,政府间气候变化专门委员会和美国国家航空航天局都使用"气候变化"。但是公众可能更容易理解"全球变暖"这个词,而且更倾向于使用这个词,至少直到最近都是这样。在本书中,我们一般使用"气候变化"一词。

什么是政府间气候变化专门委员会?

政府间气候变化专门委员会是有关气候变化及其环境和社会经济影响,以及应对方法的最权威的科学信息来源。1988年,在联合国大会的支持下,该委员会由联合国环境规划署和世界气象组织共同建立。它吸引了全世界成千上万的专家,这些专家自愿审查和评估当前信息,并发表了很多观点,分享了许多专业知识。该委员会的专家是由各国政府和观察员组织提名的。政府间气候变化专门委员会编制了大量的定期报告以及许多支持性文件。它极大地影响了气候政策和政府间气候谈判,同时保持着政策中立。2007年,政府间气候变化专门委员会和美国副总统阿尔·戈尔因向全世界宣传气候变化以及如何应对气候变化所做的努力而分享了诺贝尔和平奖。

我们怎么知道地球变暖了?

测量地球的温度并不容易,因为它受到许多难以预测的因素的影响。例如,火山爆发就可以改变全球气温,尽管火山爆发对气候的整体影响很小,而且与人类对气候的影响相比通常是短暂的。1991年菲律宾皮纳图博火山爆发所喷出的气体反射阳光并使地球表面冷却了三年(全球受影响最严重的地方气温大约降低了1 °F)。

但是,我们有可靠的数据源来衡量气候,同样有可靠的机制来预测未来的气候趋势。特别是,全世界成千上万个温度站点定期记录陆地和海洋温度,科学家整合这些数据,而后生成每个月的全球平均温度。自1979年开始，在卫星测量技术的帮助下，数据精确度随着时间的推移而提高。科学家还观察到了气候变暖的物理证据：海平面上升，冰川消退，融雪增加，空气更加潮湿和湍急。为了预测未来数十年可能出现的趋势，科学家采用了复杂的计算机模型，这些模型运用历史数据和对于未来的预测，例如对温室气体的存在或厄尔尼诺现象等的预测。有一项研究特别详细地分析了1753年以来36866个温度站点的所有可用温度数据。

基于这些数据以及准确的假设，模型的运行结果使气候学家得出了地球正在以非常快的速度变暖这一结论。政府间气候变化专门委员会在2013年表示："气候系统的变暖是明确的，自20世纪50年代以来，我们观察到的许多变化在数十年

火山爆发可以改变全球气温
Photo by Julien Millet on Unsplash

到数千年前是不存在的。大气和海洋变暖,冰雪减少,海平面上升,温室气体浓度上升。"

预计到2100年全球平均气温将增加0.5 °F至8.6 °F,很可能会增加2.7 °F,具体情况取决于温室气体的排放量。在美国,平均气温预计会上升3 °F到12 °F。

人类活动真的是气候变化的主要原因吗?

科学界认同,温室气体,特别是二氧化碳的急剧增加,主要是300余年的工业化造成的。由于对排碳型化石燃料的依赖不断增加,全球二氧化碳排放量在20世纪后期迅速飙升(见图8.1)。工业化国家对此负有几乎全部责任,其中美国曾多年居于首位。然而,随着越来越多的国家相继开始工业化,各国气

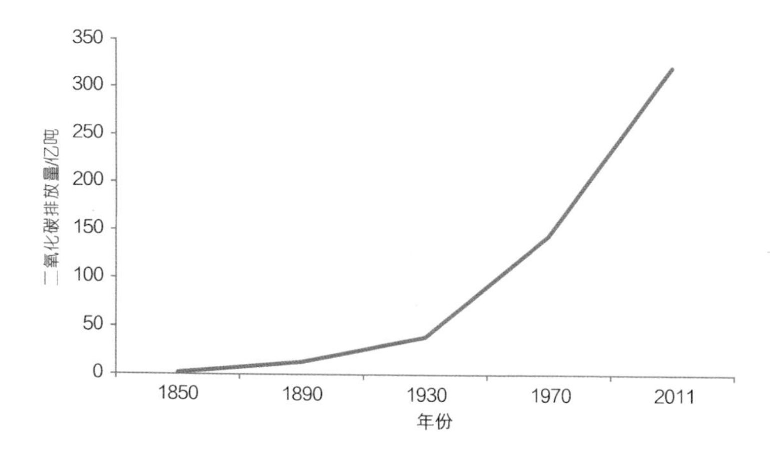

图8.1 全球二氧化碳排放量随时间推移而增加

资料来源:世界资源研究所网站。

候责任的大小可能会发生变化。

如果海洋没有吸收掉人类活动所排放的二氧化碳中约25%的二氧化碳，那么大气中人为造成的二氧化碳排放量会更高。但海洋吸收二氧化碳的结果是海洋酸化：二氧化碳在水中变成弱酸。海洋酸化是一个严重的环境问题，例如，可能影响珊瑚、贝类等许多海洋钙化物种，在酸性的海水中它们更容易溶解，并且更难长出坚硬的壳。

虽然化石燃料贡献了大多数的二氧化碳排放量，但森林砍伐和其他不当的土地利用方式也占较小但很重要的部分。

为什么气候变化是如此重大的问题？

首先，因为它是全球性的。甚至没有其他环境问题可以像气候变化这样在全球范围内产生影响。例如，在德国有一条污染非常严重的河流，并不一定意味着德国或其他国家的其他河流将受到污染，而且德国可以通过对当地的河流排污实施管制来扭转这种污染局面。但是，位于德国或美国的向空气中排放二氧化碳的燃煤发电厂却真的会影响全球气候，而不是仅仅影响其所在地的气候。控制德国的二氧化碳排放将有助于缓解气候问题，但是除非美国、中国和印度等其他碳排放量较大的国家也控制其二氧化碳排放，否则该问题将无法得到解决。那些远离二氧化碳排放地的生灵也会受到影响，例如面临海平面上升威胁的孟加拉国低洼地带的农民，或者面临栖息地消融威胁的北极熊。

其次，这个问题还具有猛烈的发展势头：即便我们现在减缓了气候变化，在漫长的未来，它仍将对粮食、水资源、生态系统和建筑环境等最基本的事物产生重大影响。造成这种势头的一个原因是，温室气体会在大气中持续存在许多年，所以即使我们从根本上减少了温室气体的排放，已经存在的温室效应也将继续存在。另一个原因涉及海洋，海洋储存着大量的热量并缓慢循环，政府间气候变化专门委员会预测，即使海水表面停止变暖，深海的水仍将在未来几个世纪持续升温，导致海平面持续上升等一系列后果。这个预测在一定程度上是对的，因为变暖的海水所含热量增加了水分子之间的距离，造成海水膨胀。

最后，不同于任何其他环境问题，气候变化确实存在。受污染的河流和有毒废物填埋场具有可知的影响，这些影响令人不快且有害健康，但是并不会给地球带来致命的后果。已有强有力的证据表明，未经干预的气候变化将威胁地球上许多物种，也包括我们人类自己未来的福祉，甚至生存。

什么是温室效应？

在构成地球大气圈的气体中，有那么几种气体，也就是温室气体，决定了有多少来自太阳辐射的热量会被留住。如果没有温室气体，太阳光中的可见光（可以轻易地穿过大气并使地球变暖）所蕴含的热量将会随着波长较长的红外辐射被反射回太空而消散。温室气体阻挡了一些红外辐射并将其反射回地球。没有温室气体，热带地区将是寒冷的，温度可能只有14 °F，远低于我们所知的大部分生物维持生命所需的温度。

一个令人惊奇的事实是，地球维持着太阳能输入和输出的能量平衡,通常有着一个适宜生命生存的平均温度。这种平衡是通过温室效应实现的:从陆地和水面反射到太空的大部分热量被能够捕获红外辐射的温室气体所吸收,这些气体又将热量传回到地面,而不是让其散逸到太空。因此,温室效应是地球温度重要的天然调节器。一个多世纪以前,科学家就已经知晓这一原理了。

温室这个比喻非常贴切。普通玻璃可以让可见光射入温室,同时又可以像温室气体那样阻挡热辐射。因此,当将其用在温室屋顶时,玻璃可以让温暖的可见光射入,同时又可以捕获温室内的热辐射。同样,随着大气中的温室气体增加,更多的能量被捕获,我们的地球就像温室一样不断升温。这就是当下正在发生的事情。

什么是温室气体?

温室气体会在地球表面附近捕获热量,否则热量将会散逸到太空中。地球大气圈中有五类非常重要的温室气体:二氧化碳、甲烷、一氧化二氮、水蒸气和氟化物(唯一一类完全由人工合成的温室气体)。除了捕获热量外,它们还有另外两个与气候变化问题存在共性的物理特性:第一,它们的寿命很长(甲烷约10年,二氧化碳约100年,一氧化二氮略微超过100年,而有些氟化物的寿命长达数千年);第二,无论温室气体来自何处,它们都会在全球范围内充分混合。

五类温室气体中,二氧化碳对气候变化的影响最大,这就是为什么我们会听说碳税和碳足迹,而不是甲烷税和甲烷足迹。例如，在美国，2013年由人类活动排放的温室气体中约有82%是二氧化碳，主要来自机动车和发电厂的化石燃料燃烧，以及水泥和钢铁等工业的生产过程。甲烷排放量居第二位，约占9%，主要来自天然气生产过程（包括油层水力压裂工艺过程中的甲烷泄漏）、垃圾填埋场、农业活动（特别是牲畜的消化过程和粪便）。一氧化二氮约占6%，主要来自合成化肥，也有部分来自机动车的化石燃料燃烧，以及合成纤维生产等工业过程。含氟气体排在最后，约占3%，但这些气体具有较高的全球增温潜势（气体捕获热量的能力），因此其作用很突出。其中一类是氢氟烃，越来越多地用作空调制冷剂，取代了根据《蒙特利尔议定书》被禁用的氟利昂，以保护平流层的臭氧层。2016年，近200个缔约方通过了《蒙特利尔议定书》关于削减氢氟烃的修正案，以逐步减少氢氟烃的使用。

大气中最丰富的温室气体是水蒸气，它天然而生且无处不在，特别是在热带地区，水蒸气引起的温室效应进一步加剧了气候变暖。然而，在没有其他温室气体（特别是二氧化碳）的情况下，水蒸气本身并不会造成我们正在经历的气候变化，部分原因是它的寿命通常较短（一般为10天），往往很快就变为雨或者雪，特别是在较冷的地方。事实上，天然浓度的温室气体可以维持大气中水蒸气的含量。但是，二者之间存在一种潜在的关系：由于人类活动而增多的温室气体使地球变暖，导致水蒸气增加；由于水蒸气是温室气体，于是其“反馈”作用又加速了地球变暖的过程，导致大气中有更多的水蒸气。政府间气候变化专门委员会认为，仅二氧化碳引起的水蒸气反馈就大大加剧了温室效应。

什么是气候变化反馈？

气候变化反馈可以加快或者减缓气候变暖过程。这是评估气候变化的一个重要而复杂的变量。前文描述的水蒸气反馈就是一个典型的例子。另一个典型例子是北极冰融化：冰可以将热量反射回太空；它融化后会被土地和更深的水域所取代，融化的冰越多，就会有越多的热量被吸收而不能散逸到太空，这就导致气候更加温暖。还有一个例子是永久冻土融化，这种富含碳并保持冻结状态的土壤所覆盖的面积约占北半球裸露陆地面积的25%。永久冻土捕集地下有机质腐烂时所释放的碳化合物，可是当永久冻土融化时，就像当下正在发生的

冻土融化时会释放温室气体
Photo by Amar Adestiempo on Unsplash

那样，碳化合物就会被释放出来。释放的碳越多，永久冻土就会因温室效应而融化得越多。这是气候变化反馈（热量增加）造成的恶性循环。永久冻土融化的速度将会有多快、有哪些其他影响，这是气候学家面对的问题之一。了解气候变化反馈是了解气候变化本身的关键。气候变化反馈还有助于解释为什么减少温室气体排放的积极行动如此重要，因为对于因温室效应而变暖的行星来说，其未来可能是非线性且不可预测的。

树木与气候变化有什么关系？

气候变化还存在负反馈机制（减少热量）。包括树木在内的所有植被通过光合作用吸收大气中的碳，并在生长过程中将碳储存下来。植被于是成为碳汇的一个实例，以这种方式降低大气中碳的浓度。但是当植被被清除（砍伐热带森林，将土地用于道路建设、农业开发和其他人类活动）时，这种减碳机制就会丧失作用。林业专家和气候学家普遍认为，重新造林是减缓气候变化的重要因素。

什么是碳足迹？

碳足迹是指某一特定地域或物体（生物或非生物）所排放温室气体的集合。碳足迹可以采用“二氧化碳当量”进行标准化测量，这种测量将不同温室气体的排放量换算为产生同等温室效应的二氧化碳排放量。二氧化碳当量是一个有用的数值，例如对于那些对拟购商品的气候影响感兴趣的消费者，还有那些正在考虑不同生产方案的公司而言，这个数值是有用的。测量碳足迹的方式有多种。一个塑料袋的碳足迹可以依据工厂在生产塑料袋的过程中所排放的碳简单地进行测算。但这种测算是不完整的,因为它没有计入将袋子运到商店、生产塑料袋所需石油的开采冶炼、通过焚烧或回收对塑料袋进行处置,以及其他相关的间接碳排放过程所排放的碳,这些变量应该被添加到计算公式中。例如,苹果公司报告,iPhone 6s 在其使用寿命内,包括生产、运输和使用,将产生相当于 54 千克的二氧化碳当量排放。

另一种方法是估算消费者而不是生产者的碳足迹:孟加拉国生产高端服装的工厂有碳足迹,在旧金山身穿高端服装、手拿 iPhone 的人也有。如果你指定这些物品的消费者或消费地对生产它们所排放的碳负责,那么,旧金山表面上较轻的碳足迹就会看起来更重,而孟加拉国的碳足迹则更轻。

实际上,如何衡量整个国家的碳足迹非常重要,特别是在试图确定各国减少碳排放的公平份额,以及为适应气候变化而付费的公平份额时,此二者都是国际气候谈判的主要议题。例如,如果衡量指标是二氧化碳排放总量,那么中国就超过了美国;如果是人均排放量,美国就超过了中国;如果是历史排放量(特别是考虑到二氧化碳会在空气中停留多年),美国则再次攀升到首位;如果以消费而不是以排放为衡量标准,美国和其他富裕国家将再次跻身前列,大大超过中国等发展中国家。

气候变化否认者的想法是什么样的?

美国参议员詹姆斯·英霍夫(James Inhofe)是那些否认

存在气候变化者的主要代言人之一。美国参议院环境与公共工程委员会是监督美国环境保护署的机构，詹姆斯·英霍夫在担任该委员会主席期间，撰写了《最大的骗局：全球变暖阴谋如何威胁你的未来》一书，并于2012年出版，其时距离全球数千名科学家在政府间气候变化专门委员会第四次评估报告中给出结论“气候系统的变暖是明确的”已过去5年。

美国国会的气候变化否认者如果想就近找寻气候变化的证据，可以从美国的全球变化研究计划2014年的研究成果《第三次气候变化国家评估报告》(Third National Climate Assessment)中获得资料。该评估报告是在2010年由美国《全球变化研究法案》(Global Change Research Act)授权编写的，由300多名专家组成的团队参与撰写，受到了多次同行评审，其中包括由美国国家科学院进行的一次评审，并且在发布之前还接受了公众的广泛评议。该评估报告获得了海量的媒体报道，这是有充分理由的，因为其调查结果毫不含糊，令人震惊：气候变化正在发生；它“主要是由人为排放温室气体造成的”；“如果全球排放的温室气体继续增加，气候变化将大大加速”；其后果包括更多的疾病、更差的空气质量、海平面上升造成的基础设施破坏，以及国家之间和社区之间对水资源的竞争。该评估报告还做出了充满希望但较为谨慎的预测，那就是“人类仍有时间采取行动来控制变化的幅度以及破坏性影响的程度”。

尽管科学界已经达成了广泛的共识，但是气候变化否认者仍将长久存在，声势浩大，并且有充足的资金支持。人们不禁想要知道这种否认的基础到底是什么。它不仅缺乏科学证据，还会给我们这个星球的安全带来可怕的影响。“否认”一词在此比“怀疑论”更合适,怀疑论是严谨的科学思维的核心组成部分。对于詹姆斯·英霍夫来说,他主要的依据是《圣经》,特别是他引用《创世记》第8章第22节的一句话:“地还存留的时候,稼穑、寒暑、冬夏、昼夜就永不停息了。”他在美国国家公共广播电台解释说:“我的观点是,上帝还在那里。那些人傲慢地以为我们人类能够改变上帝在气候中所做的事情,这在我看来是无耻的。”罗马天主教教皇方济各在2015年发表了一篇关于气候变化影响的特别有影响力的通谕,表达了以下观点:“我们需要关心地球,以使它……继续作为整个人类大家庭的生命之源。”保守的哈特兰研究所(Heartland Institute)主席回应方济各时却说方济各被联合国的“专家”误导了,他们不值得信任。

不确定性是气候科学以及其他任意科学的必要组成部分,可是对于英霍夫及其他气候变化否认者来说,不确定性可以用来支持其否认论。化石燃料行业产生怀疑论调,是因为担心有效应对气候变化将破坏其对化石燃料的投资和从中可获得的巨大利润。石油和煤炭行业将当年烟草业在对抗吸烟导致肺癌的指控时所使用的伎俩拿来,以不良信息来歪曲气候科学。它们的做法包括:质疑那些本无争议的证据,利用看似独立的组织来支持它们的立场并造成科学乱象,利用发言人让公众误以为科学家在此问题上仍然存在激烈争论,强调可能丢失的工作岗位数量,以及利用它们非凡的影响力来影响政府政策。2007年,忧思科学家联盟(Union of Concerned Scientists, UCS)严厉指责埃克森-美孚公司采取此类策略。气候学家赖以预测未来趋势的模型很容易成为攻击目标,因为出于科学的严谨性要求,任何预测都要给出其统计的不确定性,这导致否认者可以盯着不确定性声称预测是不可靠的。这并不奇怪:攻击复杂方法是否认者埋下怀疑种子的相对容易和常用的手段。但气候变化模型毕竟是一种备受推崇和重要的科学工具，当然比《创世纪》或者被有关各方操纵的“真相”更科学。对于许多长期以来一直否认气候变化的保守派来说，其理由源自他们的基本信条：大政府不好；对企业有利就对国家有利；不受约束的市场可以解决一切问题。因此，保守派领导人常常会阻碍美国政府和国际组织采取应对气候变化的行动，并且保守的政策制定者也会公然反对采取行动。

逆转气候变化是否为时已晚？

全球各地均已感受到气候的变化。科学界、联合国和气候变化政策制定者，将相较于前工业化时代气温升高不超过 2 ℃设定为不会产生可怕后果的全球气温升高的阈值。这一阈值是关于限制温室气体排放的国际谈判的核心假设，包括 2015 年12 月在巴黎缔结的协定都是基于该假设制定的。我们的星球有望在 21 世纪末之前就突破这一升温阈值，除非现在就完全停止排放温室气体，但这实际上是不可能的。为了保证地球升温幅度保持在 2 ℃ 的阈值之内，大气中二氧化碳的体积分数需要保持在 450×10^{-6}。截至 2013 年，二氧化碳体积分数已经从 18 世纪 50 年代的 280×10^{-6}、1997 年的 316×10^{-6}增加到 400×10^{-6}。尽管如此，逆转气候变化是否真的为时已晚——是否已接近不可逆转的临界点，则有待观察。

不过，气候变化解决方案的相关词汇给出了部分答案。政策领导者会谈论“适应”或者“减缓”气候变化，而“逆转”不属于这类词汇，因为实际上气候变化是无法逆转的。但是，如果我们足够快速且足够积极地适应气候变化和减轻我们对其所造成的伤害,我们就有可能将影响降低并且让升温幅度小于危险水平。

什么是适应气候变化?

适应气候变化是为应对未来预计会出现的气候变化影响所设计的行动。保护沿海湿地是对气候变化的适应,因为湿地可以阻挡风暴潮。明知海平面将上升、风暴潮将变得更加猛烈,却仍允许在海滩上建造避暑别墅(尽管极端天气已经异乎寻常,但是一些地方规划部门仍许可建设),则不是对气候变化的适应。

政府间气候变化专门委员会在2014年发布的评估报告中广泛讨论了适应气候变化的问题。具有前瞻性的城市和企业已将适应气候变化纳入其规划战略,例如低洼地区的疏散规划、遮阴植被种植以及将重要发电站迁出可能变为泛洪区的地区。最近,新英格兰最大的机场——位于波士顿港的洛根机场宣布,它计划投入数百万美元保护跑道,以免其受大西洋海平面上升和风暴潮所引发洪水的危害。纽约市于2013年宣布了一项宏大的规划,要沿其520英里的海岸建造防洪墙、堤坝和岸壁,以增强电网防护,并翻修受风暴潮和海平面上升威胁的建筑物。最初估算的成本为200亿美元,但是时任市长布隆伯格(Bloomberg)指出,像飓风桑迪这样严重的灾害性天气将在未来几十年内造成高达900亿美元的损失。2015年,纽约市政府推出了新的规划,主题是“一个纽约:建设一个富强而公正的纽约”,适应气候变化是该规划的一部分。该规划以布隆伯格的规划为基础，并将解决与贫困相关的问题。然而，一些辖区仍然反对适应气候变化，例如，2012 年，北卡罗来纳州立法机构在制定州发展规划时通过投票否决了气候变化预测数据。

什么是减缓气候变化？

减缓气候变化是指人类为减轻对气候系统的影响所付出的努力，尤其是减少我们正在排放的温室气体(特别是二氧化碳)的数量。提高能源效率和节能、可再生能源、核电、碳税、碳捕集以及地球工程，都是减缓气候变化的形式。因此，适应有助于我们应对气候变化这一现实，而减缓则是要让气候变化“踩刹车”。减缓包括改变日常习惯的方方面面，例如当我们与邻居闲聊时将车子熄火，征收污染税以减少污染影响。科学家以及关注温室效应的普通公民，几乎无孔不入地在寻求减缓气候变化的方法。这毫不奇怪，因为政府间气候变化专门委员会大范围地宣传减缓气候变化，其他许多科学组织也在这样做。

为什么提高能源效率是减缓气候变化的一个重要工具？

老式冰箱能源效率非常之低，更换老式冰箱的一个巨大动力是节省电费开支。削减这些耗电设备也将同时减缓气候变化，智能交通实践也是如此，因为电力生产和交通是温室气体排放的两大来源。提高能源效率的机会比比皆是。例如，LED 灯的能耗比白炽灯泡的低约 75%，而使用寿命则是白炽灯泡的 35～50 倍。节能有类似效果，而且对能耗有更直接的影响。此处我们宁愿选择使用更少的能源而不是更好的技术。在寒冷的冬夜降低取暖器的温度可以节省能源，就像骑自行车上班或拼车一样。当然，如果我们消耗的能源来自清洁能源，例如可再生能源或核能，就不必如此迫切地减缓气候变化。

什么是可再生能源？

与不可再生的化石燃料不同，可再生能源是不会因产生能量而被耗尽的能源；相反，它们会很快再生，并且即便排放碳，其数量也不足以产生危害。太阳能和风能是最好的例子，它们几乎分布在全球陆上和海上的各个角落，甚至在营利方面也可与石油和天然气行业竞争。利用大坝进行水力发电所用的水能是另一种为人熟知的可再生能源。其他可再生能源还有生

自行车通勤能节省能源
Photo by Andrew Gook on Unsplash

物质能(来自植物的液体燃料)、波浪能、潮汐能以及地热能(来自地表以下的热量)。其中有些会对环境产生直接的负面影响。例如,水坝对河流物种和供水已造成巨大的负面影响。用于生产生物燃料的植物,其种植需要碳排放量高的机械设备和大量的土地以及肥料。此外,材料和设备的制造、运输与安装则可能需要消耗化石能源。

太阳能是最有前景的可再生能源,全世界都对其表现出强烈的兴趣。太阳是丰富能量的来源,它所提供的能量远远超过人类的需求。此外,由于太阳能技术成功地将这种能量转化为可用的热能、电能以及其他许多应用形式,于是人们可以随时随地获取太阳能。光伏电池也称为太阳能电池板,现在特别重要,人们常常在有电能需求的地方将太阳能直接转化为电能。

太阳能发电场
Photo by American Public Power Association on Unsplash

随着光伏电池越来越容易购买和安装,它们出现在了住宅和商业建筑的屋顶、高速公路的标志上、电线杆上,以及阳光普照的田野上占地面积可观的太阳能发电厂中。太阳能发电厂是又一种重要的太阳能技术,其运行规模更大:太阳能发电厂收集太阳能(通常来自光伏电池),然后将其转化为电能传输给用户,就像传统发电厂一样。

太阳能技术,特别是光伏发电技术在全球范围内飞速发展。从2010年到2013年,屋顶太阳能电池板的价格下降了29%,而销售额则上升了。这是一个非常好的消息,因为太阳能电池板不会造成碳污染,并且在电力生产中所需要的其他资源相对较少。不过,与其他可再生能源技术一样,太阳能技术并非没有环境成本,包括在生产时所使用的有毒化学品及能源、需要处理的废物副产品,以及占用的土地(如果在田野而不是在屋顶安装太阳能电池板的话)。

核电是一种可行的减缓气候变化的方案吗?

在2011年3月日本福岛第一核电站事故发生之前,这个问题的答案可能是肯定的。当时的政要和公众都越来越支持核能。在福岛核事故发生的时代,一些国家正在扩增核电站,将其作为化石燃料发电厂的清洁、可靠的替代品,如果不出事故的话,核电站也的确有如此前景。

由于地震引发的海啸,福岛第一核电站的放射性物质融化并被释放出来。福岛核事故是1986年苏联切尔诺贝利核事故之后最严重的核灾难,再次警告世人核电站存在巨大风险,因为它们储存有致命且持久存在的放射性物质。造成这出悲剧的原因是前所未有的自然灾害，这提醒了我们预测每一种潜在风险有多么困难，不仅是自然风险，还有人为失误、战争和恐怖主义。

然而，许多负责任的科学家认为，我们对核能的恐惧超乎了其实际的危险。衡量反应堆安全时，可以将法国作为标杆：该国几十年来一直靠核燃料生产其75%的电力，而没有发生过严重事故，也没有出现放射性致死案例。在全球范围内，利用核能所生产的电力约占全部电力的11%，并且核电生产已经防止大约184万人死于空气污染，还减少了数量可观的温室气体排放量，这些温室气体原本应该来自传统发电厂的排放。

核电是一个非常重要的选择，但是前提是核电站的选址、设计和监督得当，并且用过的核燃料得到妥善处理。核电支持者是正确的，迄今为止，屈指可数的重大核事故所造成的死亡和伤害，远远少于化石燃料燃烧造成的空气污染所导致的呼吸系统疾病造成的死亡和伤害，以及气候变化所导致的热浪和洪水等造成的死亡和伤害。

油层水力压裂是解决方案的一部分吗？

油层水力压裂通常被称为水力压裂，或简称压裂，是一种相对较新的技术，应用这种技术可以从非常深的地下岩层中采集石油或天然气。该工艺涉及竖向钻井，常常在水平方向扩展数千英尺。为了获得石油或天然气，大量流体在巨大的压力下被射入岩层中，使岩层裂开。流体中携带着可以令裂缝保持开放状态的细小颗粒（称为支撑剂），以及各种有助于该过程的化学品。在来自岩层的压力作用下，流体返回到地面，因支撑剂而保持开放的裂缝使得石油或者天然气能够流动并被移出岩层。

如今，水力压裂技术广受关注，不是因为利用这种技术可以采油，而是可以获取天然气，这是当前水力压裂项目的主要焦点。天然气是一种比煤更清洁的化石燃料，排放的碳更少，并且很容易获得，包括在美国也如此，所以它是一种有吸引力的应对气候变化的能源替代品。鉴于对高碳燃料替代品的需求，水力压裂技术与太阳能技术一样，也意味着商业机会。这些机会不仅体现在天然气本身，也体现在岩层所在的利润丰厚的土地上。例如，经济困难的匹兹堡机场因在其土地上进行的水力压裂项目而获得了 5000 万美元签约金，并可能获得数十亿美元的土地特许权使用费。这个机场坐落在巨大的马塞勒斯页岩(Marcellus Shale)上，在其地下大约 7000 英尺处，是一个有 4 亿年历史的沉积基岩层，估计可容纳 1 万亿立方英尺[①]天然气(约占美国 2014 年天然气总消耗量的 4%)。2011 年至 2014 年，美国有数千口新井采用水力压裂技术开采天然气，通常会为商业和住宅土地所有者带来收入。

然而，水力压裂技术是否应该成为解决气候变化或缓解能源需求的方案的一部分尚不明确，非但不明确，而且它还是常见的辩论主题，辩论有时甚至非常激烈。撇开利用水力压裂技术提取的天然气仍然是化石燃料(尽管是相对清洁的)这一事实不谈，水力压裂的负面环境影响尚不清楚，而这些负面影响

① 1 立方英尺≈0.03 立方米。——译者注

有可能很重要。有些负面影响已经是显而易见的常识问题，比如地下基岩受大面积暴力破坏所带来的固有危险。据报道，俄亥俄州、得克萨斯州、俄克拉何马州以及英国和加拿大等地水力压裂所致的地震活动增加了。其他主要问题是水力压裂过程中需要大量的水，这可能会污染和浪费日益枯竭的清洁地下水；开采过程中使用的化学液体和污水需妥善处理；主要温室气体甲烷的逸散性排放，导致甲烷从水力压裂井转移到地下水和周遭空气中。

在美国，许多满足大众需求的公共饮用水系统的水源靠近水力压裂井。美国环境保护署考虑到对水力压裂井的环境影响所知有限，于 2012 年启动了专项研究以调查水力压裂对饮用水源的潜在影响。这一举措值得称道，却又令人不安。实际上，这意味着美国环境保护署放任这一明确存在潜在风险而我们对其又没有全面的科学认知的严峻问题发展（令水力压裂作业在无罪推定中获益）。这种做法向来就是许多环境困境的根源。然而，一些国家和州采取了预防性原则。截至 2016 年，水力压裂禁令已经在法国、荷兰、苏格兰和德国，以及美国的纽约州和马里兰州得以施行。2015 年 7 月，美国环境保护署发布了其研究报告草案，但并未提出明确的监管措施。

什么是碳捕集与封存？

控制失控的气候变化可归结为控制空气中二氧化碳的浓度。因此，当碳被“捕集”和“封存”后，不会很快再次散逸到大气中，于是气候变化将得以缓解。这种缓解是自然发生的，并且人类可以（有时确实会）强化它。例如，湿地会捕集碳（类似其他一些自然环境，湿地被称为“碳汇”或“碳库”），因此保护湿地是一种有效的缓解方案。

然而，碳捕集与封存通常指的是可从污染性工业来源（如发电厂）捕集碳并将其送到（可能通过管道）安全储存地点（例如深层的地下岩层）的新技术。这类技术可能是有前途的，也是重要的，特别是，如果人们认为无论我们如何努力摆脱化石燃料，它们（尤其是煤炭）在很长一段时期内仍将是主要的能源。但是这类技术成本很高，而且本身也需要能源（无疑是化石燃料）来维持运转。此外，这类技术也可能引发监管和环境问题，例如运输和泄漏问题。最后，这类技术导致我们继续保持以煤为主要能源的思维方式，分散了我们对减少化石能源依赖这一主要目标的注意力。

什么是地球工程？

在气候背景下，该术语指的是旨在操纵环境以应对气候变化的方法。一些普通的做法，例如重新造林和碳捕集，可归入广义的地球工程。然而，该术语通常有较狭义的应用，指的是更奇特的操控性修复，其中大多数技术尚处于雏形阶段。举个例子，借助分散在空气中的二氧化硫液滴的镜面反射作用来管理太阳辐射。这就像人为地创造出类似于皮纳图博火山爆发的效果。如果这些技术得以完善的话，对那些认为无法找到显著减少碳排放的解决方案的人来说，这些技术就颇有吸引力。而对于其他人来说，这些技术是对大型自然系统的危险修补。

碳税如何减缓气候变化?

许多政策制定者和经济学家认为,对碳征税是摆脱化石燃料的最佳方式。其理论是二氧化碳排放者没有为其行为支付全部费用,因为排放的每吨二氧化碳都会对地球造成可量化的损害。这就需要征收碳税,通过承担气候变化带来的医疗、环境修复、人口流动以及其他方面的花费来抵消这种损害。如果汽油等产品的成本增加,消费者将减少使用或停止购买这些产品,投资者、生产者和消费者将寻找替代品。这将增加人们对可再生能源的保护和依赖,并将鼓励人们改变生活方式,例如乘坐公共交通工具。少数几个国家(如瑞典和爱尔兰)已发布政策将碳税作为减缓气候变化的工具。但碳税在美国遇到了强烈抵制,主要是因为对额外税收的反对和强力的化石燃料游说。然而,科罗拉多州博尔德市已开征碳税,美国其他地区也正在考虑征收碳税。

是否有应对气候变化的法律?

自 20 世纪 80 年代后期以来,国际社会一直持续关注着气候变化,并且随着联合国开始发挥主导作用,关注也更加密切。1992 年在联合国环境与发展会议上确立的《联合国气候变化框架公约》是第一项关于气候变化的国际协议,为随后的 20 多次国际气候会议和其他协议奠定了基础,包括《京都议定书》和 2015 年的《巴黎协定》。这些协议并不是完全“硬性”的法律,执行起来非常困难。然而,许多国家已通过可执行的法律来解决气候变化问题，而且这些法律通常有助于履行国际协议。这类法律的数量以及颁布这类法律的国家的数量正在增加，由于这类法律具有复杂性和变动性，本书无法展开详述。哥伦比亚法学院萨宾气候变化法研究中心为那些想要获得最新信息的人提供了一个优质的数据库。

法官也在为气候变化相关法律做贡献。例如，2015 年，荷兰一家法院裁定，政府应大幅削减温室气体排放量，该裁决对其他国家的法院产生了潜在影响。该裁决在全球都是史无前例的。荷兰的这家法院认为，政府有保护其公民免受迫在眉睫的气候变化威胁的法律义务。其他一些类似的诉讼正在进行中。美国最高法院已经驳回了一起诉讼，但在荷兰这家法院的带领下，其他国家的法院可能会做出更有利于应对气候变化的裁决。

在美国，《清洁空气法》为监管温室气体的部门和排放温室气体的行业提供了较大的权力，可是该法案是在 1970 年制定的，当时并未将气候变化问题确定为主要环境问题，因此该法案中没有与气候变化相关的条文。气候变化是强大的煤炭和石油利益集团的政治避雷针，因此，美国国会向来不去修改该法案，以强化自身解决气候变化问题的权力。特别是小布什政府阻止了所有围绕该法案做出有意义进展的行动。有几个州针对小布什政府的环境保护署提起诉讼，要求美国最高法院裁定美国环境保护署确实可以对温室气体排放进行管制（如马萨诸塞州诉美国环境保护署一案）。幸运的是，奥巴马政府很快就这样做了。这些法规（包括《清洁能源计划》）主要旨在减少燃煤发电厂和机动车辆的温室气体排放。这些法规经常遭到来自行业团体和这些团体所支持的政客的强烈反对，所以尽管有些诉讼案已最终裁定，但有些仍在进行中。

什么是《京都议定书》？

《京都议定书》是一项约定某些国家减少温室气体排放的国际协议，是国际社会应对气候变化所做努力的一部分。鉴于政府间气候变化专门委员会的一项评估显示人类活动正在改变气候，在1992年联合国环境与发展会议上，包括美国在内的150多个缔约方签署了《联合国气候变化框架公约》，《京都议定书》是该公约的补充协议。《京都议定书》得到了国际社会的广泛支持，在克林顿主政的美国的倡导下，于1997年在日本京都通过。可是在2001年，令美国环境保护署署长、新泽西州前州长克里斯蒂娜·惠特曼（Christine Whitman）感到惊讶和尴尬的是，在小布什主政时期，美国撤回了对该协议的支持，成为当时唯一放弃履行该协议的缔约方。《京都议定书》于2005年正式生效。2012年，《京都议定书》的第一个"承诺期"到期。2011年，在德班召开的联合国气候变化大会对它进行了扩充。虽然《京都议定书》不是严格意义上的国际气候变化公约，但是它是2015年联合国气候变化大会通过的《巴黎协定》的前身。

什么是巴黎气候变化大会？

在《联合国气候变化框架公约》授权下，第21届联合国气候变化大会于2015年11月30日至12月11日在巴黎举行，这次会议又称巴黎气候变化大会。《京都议定书》和其他国际气候协议也得到了同样的授权。在此之前，美国和中国在2014年进行了重要的谈判并做出承诺，为此次会议铺平了道路。在会议结束时，《联合国气候变化框架公约》近200个缔约方首次在《巴黎协定》中承诺以各种方式参与温室气体减排。联合国时任秘书长称之为“一次不朽的胜利”。虽然有些人批评《巴黎协定》，但普遍的共识是，《巴黎协定》是全球应对气候变化的历史性转折点。它的主要特点是发展中国家和发达国家共同参与，这是在京都会议上没能实现的，还有就是同意“将全球温度相较于工业化前水平的升高幅度控制在远低于2 ℃的水平，并努力将其限制在1.5 ℃以内”。人们普遍认为升温2 ℃会造成破坏性的后果。该协议的其他有所作为的特点还有：各国为减少碳排放做出有约束力的“国家自主贡献”承诺、五年核查、适应和减缓战略，以及发达国家为发展中国家提供资金支持。该协议在结构上不会产生新的具有约束力的法律义务，从而规避了原本可能投反对票的美国参议院的批准。美国的参与被认为是一个关键组成部分，它曾令人失望地退出《京都议定书》。

然而，各缔约方在巴黎做出的承诺并没有让《巴黎协定》立即生效。根据协议条款，至少55个《联合国气候变化框架公约》缔约方正式参与温室气体减排且它们的温室气体排放量之和至少占全球温室气体总排放量的55%，《巴黎协定》方能生效。2016年9月，中国和美国这两个最大的排放国批准了该协议，使得批准该协议的国家的温室气体排放量所占比例接近55%。2016年11月，在满足协议条款要求的30天后，《巴黎协定》正式生效。

什么是气候正义?

工业化国家人口虽然只占世界人口的20%左右,但空气中大部分温室气体是它们排放的。这是多年来这些国家能够达到较高生活水平和占世界主导地位的高生产力的附加结果。工业化国家仍在使用工业化产品,即使生产这些产品(以及它们的污染副产品,包括二氧化碳)的工厂正在向欠发达国家转移,因为这些国家试图通过与工业化国家相同的发展过程实现更高的生活水平。具有讽刺意味的是,气候变化将对这些国家产生重大冲击,因为它们通常位于炎热气候带,那里往往地势低洼,受水资源短缺、洪水和荒漠化等影响较大。这些国家也缺乏应对这些影响的财政资源。风暴屏障和疏浚管道的建设成本高昂,同时又不像对食物、水和住所的需求那样紧迫。

随着国际社会努力缓解全球变暖与其他气候变化问题,气候正义问题就出现了。从公平的角度来看,哪些国家应该减少碳排放量,以及减少多少?如果要求较不富裕的国家减少碳排放量,它们是否应该获得补贴或补偿?不仅因为它们贫穷,还因为它们通常不是气候变化的始作俑者而是气候变化的受害者。是否应该减缓工业发展的速度以降低地球温度?即使进一步发展工业是提高生活水平的最可靠途径。当工业化国家在过去几个世纪通过砍伐森林来助力经济增长时,是否能要求非洲和南美洲的国家停止砍伐森林(森林是公认的碳汇)?那些在创造财富的过程中制造了气候危机的发达国家,怎么可以告诉尚有数百万人缺乏电力供应的印度或中国,说它们不能排放生产电力时会产生的温室气体?

1992 年通过的《联合国气候变化框架公约》在上述问题上的立场如下："各缔约方应当在公平的基础上，并根据它们共同但有区别的责任和各自的能力"保护气候系统，"发达国家缔约方应当率先对付气候变化及其不利影响"。此外，它还规定，发达国家缔约方应协助发展中国家缔约方，"发展中国家特别容易受到气候变化的不利影响"，认识到"发展中国家实现持续经济增长和消除贫困的正当的优先需要"。《京都议定书》实施了这些原则，同意发达国家减少温室气体排放，但发展中国家则不用。如何公平分配排放量，就像京都会议所试图做的那样，仍然是一个非常棘手的问题。排放量分配应基于当前的总排放量还是历史贡献量？按人均计算还是采取其他方法？2015 年通过的《巴黎协定》承认"发展中国家缔约方的具体需

森林是公认的碳汇
Photo by Kenniku Tolato on Unsplash

要和特殊情况”，但并未试图在各国之间分配排放量。

气候正义也意味着我们对后代的义务，因为气候将极大地影响我们的后代。为了那些还没有出生的人，我们现在不应当采取必要措施来限制我们这一代以及我们前几代人所造成的危害吗？哪怕这些措施可能令人厌烦，具有破坏性，而且成本高昂。这一义务在《巴黎协定》也承认的代际公平概念中有所体现。

气候变化与世界和平有什么关系？

政府间气候变化专门委员会在2007年获得了诺贝尔奖，并非人们所期望的科学奖，而是和平奖。当时有些人认为这是诺贝尔奖的一次延伸，但是现在回头来看，这个奖对于政府间气候变化专门委员会来说似乎完全合适。在饱经干旱和充满冲突的中东以及遭受洪水蹂躏的贫困国家如孟加拉国等地，气候变化导致了水和粮食短缺。人口太多，基本资源太少，加之分配不均，是冲突和战争的经典配方，而气候变化也会导致这些情况。

如今，气候变化与世界和平建立了联系。不过数年以前，美国军方还只是将气候变化视为对洪泛区特定军事设施的未来威胁。而现在，美国军方将气候变化纳入了其关于极端组织和政治动荡的战略考量中。2014年，美国国务卿约翰·克里(John Kerry)表示，气候将影响美国的外交政策。同年，美国国防部长查克·哈格尔(Chuck Hagel)断言，气候变化将增加恐怖主义、传染病、全球贫困和粮食短缺的风险，对国家安全构成直接威胁。政府间气候变化专门委员会已将气候变化视为国际冲突的根源。如果气候变化可能导致冲突，那么，正如2007年诺贝尔奖委员会所指出的，适应气候变化、减缓气候变化，并在全球范围内开展合作，这些努力应该会推进世界和平事业。

9 废物

什么是废物?

废物可能是环境词典中最难定义的术语之一。在某个层面上,它是不需要的材料,通常是工业生产的副产品,或是污水,又或是因不再有用而被丢弃的东西。对于家庭和商业废物,我们使用“垃圾”“破烂儿”“废弃物”等词语描述。可以完全回收或重复使用的材料不是废物。一个在街头嘎嘎作响的空可乐罐,如果被直接扔进回收设施,它就不是废物。然而,这个术语很难定义,因为它是主观的:餐馆后面垃圾桶里的剩菜对餐馆主人来说是垃圾,但是对于正在寻找下一餐的无家可归者来说就是食物。一个人的废物真的可以成为另一个人的原材料。因为这种主观性,某些东西是或不是废物已引起了重大争议,特别是当政府决定对其进行监管时,这些东西就变得贵重,对于工业企业而言尤其如此。例如,如果冶炼公司打算重新利用或者出售其生产过程中所产生的铜渣,那么这些铜渣还是废物吗?即使在此期间,铜渣堆积在一起析出了污染物并且这些污染物浸入了地下。

废物可以说是人类的发明。从这个角度来看,在自然界根本不存在废物,因为几乎所有的东西在某个关键时刻都会得到充分利用:狮子所杀戮动物的残骸是豺狼的食物,这些残骸被清理得非常干净。更确切地说,废物是人类生产和消费的结果,人类使用原材料的效率非常低,丢弃了大量可用的材料。从这个角度来看,废物可以被定义为效率的反义词。在这个意义上,当某种东西所代表的价值不再是创收的来源,反而成为沉重的负担时,这种情况就可以被视为市场失灵。

废物的一个简单定义是我们扔掉的东西——垃圾。这个定义突出了我们现在面临的巨大挑战:事实上没有任何东西真的被抛弃了,它们只是去了其他地方。例如,干电池是遥控器、助听器和手表等家用物品的常用电源,巴里·康芒纳在其1971年出版的《封闭的循环》中曾经描述过它可能的命运。它被丢弃后可能会进入垃圾桶,然后进入市政焚烧炉,在那里燃烧,释放出有毒化学物质,这些化学物质散入风中并被雨或雪夹带着沉积在河流或湖泊中,其中一些被鱼类摄入并在其器官中积累,当人们食用这样的鱼后,这些有毒化学物质就会在人体器官中积累,对人们甚至孕妇腹中胎儿造成伤害。此循环是可预见的,除非干电池得到妥当回收。

废物可以分为三类。固体废物是那些从住宅和商业建筑

垃圾桶

Photo by Paweł Czerwiński on Unsplash

中产生的,通常被我们称作垃圾或废物的材料,这是一个重大的全球性问题。危险废物是对公众健康或环境构成特别严重的威胁的废物,因此受到了特别的监管和关注。放射性废物来自核反应堆、医院和研究设施等。

术语"废物流"是一个与废物相关的概念,泛指从各种源头到其最终目的地的废物的总流量。废物流被划分为各种类别,例如,市政、医疗、电子以及核废物流。随着对能源、商品及其生产方式的需求发生改变,废物流也因此随着时间流逝而变化。在20世纪初,来自住宅炉灶的煤灰是城市废物流的主要部分,如今煤炭不再是住宅供热的主要能源,城市废物流也已非如此。但煤灰仍然存在于燃煤发电厂等重要来源的废物流中。电子垃圾在一代人之前并非突出问题,现在则是主要的废物流来源。

为什么固体废物成了问题?

有四大原因:第一,因为固体废物太多了;第二,因为大部分管理不善,甚至没有管理;第三,因为其中的许多物质,特别是现代工业创新(如手机)产生的新型化合物要么有害,要么尚不为人知,或者两者兼而有之;第四,因为将它从一个地方转移到另一个地方的费用、彻底清除它的成本非常高,为其负面的景观、健康和生态后果所付的代价也非常大。

联合国环境规划署估计,全世界每年都会收集112亿吨固体废物。此外,随着全球富裕程度和城市化程度的提高,废物的产生速度正在加快,预计到2025年将再次翻番。这并不奇怪:一个国家生产的固体废物量,与其公民享有的可支配收入、其生活方式的资源密集程度和消费主导程度直接相关。在美国,人均废物产量几乎高于其他任何地方。美国人口占世界人口的4%,但产生的废物占世界废物总量的30%,每个美国人每年扔掉大约1650磅垃圾,每人每天约4.5磅。换句话说,美国人每月丢弃的废物量与他们的体重相当,这个废物量大约是他们50年前扔掉的废物的两倍。这种现象也出现在了其他工业化国家。

如今产生的废物大都没有得到妥善管理。例如,在发达国家,废物管理通常以某种形式的回收来实现,但是不会像废物产量及环境影响那样快速扩大化。2013年,美国的废物回收率是34%,可部分抵消其惊人的废物产量(然而,这一回收率掩盖了各州之间的巨大差异,大约从加利福尼亚州的40%到怀俄明州和密西西比州的2%不等)。日本也是一个高度发达的国家,在这方面确实有所改善:尽管其废物回收率略低于美国,但是每年的人均垃圾产量约为美国的一半。相比之下,在一些发展中国家的城市地区,尽管人均废物产量通常远低于发达国家,但是由于管理不善,特别是随着人口增加以及工业化发展,废物危机日渐显露。不同的政府对回收有不同的定义,数据不完整并且呈动态变化,因此比较必然不完全严谨。

食品废物管理不善会导致异味散发,以及老鼠和其他动物传播疾病。食品废物是有机废物,因此它分解时会释放甲烷,这是一种导致气候变化的主要温室气体。包装是另一个主要的废物来源。在管理不善的垃圾填埋场,包装废物连同几乎所有进入该填埋场的其他物品,例如破旧的家具、电池、油漆罐等,会将化学品释出,这些化学品会进入地下。焚烧填埋废物不会令化学品消失。即使在美国,固体废物焚烧炉相对得到了良好的管制,但它们仍会排放有毒化学物质,如二噁英、铅和汞,并留下灰烬,这些有毒化学物质最终会进入地下水中。快速发展的电子产业可能是最令人生畏的问题根源,因为其高增长率超过了人类妥善处理其废物如手机、平板电脑及它们的有毒成分的能力。

固体废物也会产生社会成本。世界银行报告称,2010年全球人类花费超过2050亿美元处理固体废物。到2025年,预计成本将升至3750亿美元。纽约市每年花费约16亿美元,动用超过9000名劳动力来处理超过350万吨固体废物。纽约的固体废物通常由重污染的柴油卡车或火车运输到远在南卡罗来纳州的州外垃圾填埋场。

最后,人们会得出结论,从根本上说,固体废物的主要问题在于这是社会失去的一个重大机会——失去保存或产生能量的机会,失去节省材料的机会,失去美化城市的机会。固体废物也导致社会失去了减少污染的机会:作为一个现实问题,每一种人为制造的污染物都是废物,因此,反过来,废物是污染的一个主要来源。

美国人丢弃了什么废物?

容器和包装排在第一位:占废物总量的27%,每年近7000万吨。食品,无论是碎渣还是变质的,占废物总量的15%,约3700万吨。塑料的用量越来越多,因此塑料废物占废物总量的比例也很大,约为12%,3250万吨左右。这一描述虽然存在问题,但是情况本可能会更糟:在美国,一些废物不是简单地被丢弃了;相反,它们越来越多地通过再利用或者再循环而成为再生资源了。与其他发达国家一样,美国在这些重要的污染控制领域已取得了长足的进步。美国废物回收率从 1980 年的 9.6%和 2000 年的 28.5%上升到了 2013 年的 34%。

然而,更重要的一点是,美国人已经接受了一次性文化。就在美国推行废物回收和废物最小化政策时,其国内商品生产商却在推销一次性用品:水瓶、尿布、拖把、咖啡过滤器、在沙拉吧制作沙拉的容器,以及吃沙拉用的叉子。消费者选择购买这些一次性用品。废物回收率跟不上废物产生的步伐,特别是涉及塑料时,这是一种特别有害的废物流来源。美国当前的塑料回收率仅为 9%,2000 年只有 5%。

塑料带来了特殊的环境问题,尤其是在海洋环境中。塑料在海洋环境中存在的时间尤其长。塑料生产商试图采取制造可生物降解塑料的方法解决此问题。然而,2015 年联合国的一份报告得出结论,标有"可生物降解"字样的产品不会显著减少海洋中塑料的数量或它们带来的化学风险,因为对这些产品进行生物降解所需要的条件几乎不存在。该报告还指出,具有讽刺意味的是,给产品标上"可生物降解"字样实际上可能会鼓动乱扔垃圾的行为。

垃圾去哪里了?

在全球范围内,大多数垃圾进入了垃圾填埋场,但在低收入国家,较大比例的垃圾最终会进入露天垃圾场。美国最大的垃圾填埋场是位于拉斯维加斯郊外的埃佩克斯区域垃圾填埋场(Apex Regional Landfill),它也是世界上最大的垃圾填埋场之一。2010 年，它每天要处理 9000 吨城市固体废物。固体废物一旦进入垃圾填埋场，往往就被焚烧掉。也有人说，世界上最大的垃圾场是太平洋垃圾带，这是一个由废弃塑料组成的巨大旋涡。

露天垃圾场和垃圾填埋场有什么区别？

露天垃圾场是一个没有被遮盖的垃圾投放区域。通常，人们会现场焚烧垃圾以减小其体积，但是，露天垃圾场通常未经过认真设计或维护，结果导致有害物质进入空气和地下水中，还散发出臭味。它还是携带疾病的害虫的滋生地。直到 20 世纪 80 年代，美国才意识到露天垃圾场的危害，而这时它们已遍及美国。在乡村地区，镇上的垃圾场存放着家庭和农场丢弃的油桶、电器和其他废物，这些废物分解后释放的有害物质会进入地下水中，持续阴燃的垃圾则将污染物释放到空气中。露天垃圾场在发展中国家仍然普遍存在。

垃圾填埋场（有时被误导性地称为卫生填埋场），是经专门设计，用来以对环境无害的方式永久容纳无害废物的场地。它们通常衬有合成材料或致密的土壤，以防止有害物质侵入地下水。此外，它们通常配备有渗滤液收集系统，定期监测泄漏情况，上有覆盖物以防止容纳物被风吹散，并且有序地将彼此不相容的材料分开。虽然这些储存技术都发挥了作用，但是它们的长期效果还是值得怀疑。在美国，州和地方政府对垃圾填埋场采取多种管制措施，但是联邦政府没有采取措施。危险废物填埋场则与众不同，它们是受到严格管制的废弃材料储存库，这些材料具有美国环境保护署所确定的危险废物的特征或被美国环境保护署列为危险废物。

美国如何管控废物?

美国最重要和最全面的联邦废物控制法是1976年颁布的《资源保护和恢复法》。该法案的重点是危险废物管理。其他联邦法律也发挥着重要作用,例如《海洋倾废法》和《核废物政策法》。《清洁空气法》和《清洁水法》还对一些基于废物的排气和排水加以控制。例如,《清洁空气法》规定了固体废物焚烧炉的排放准则;《清洁水法》规定了污水处理厂的排放准则。

在20世纪70年代美国国会接连颁布主要环境法的10年中,控制废物排放的联邦法律姗姗来迟。美国国会之所以迟迟不采取行动,是因为人们一般不愿让联邦政府介入垃圾管制,这一直是州和地方政府的专属领域。固体废物(传统的商业和住宅垃圾)在美国仍然主要由州和地方一级政府控制。例如,塑料袋禁令就出现在州立法和地方法令中。

然而到1976年,很明显(并且美国国会在《资源保护和恢复法》中明确指出),国家经济的增长、生活水平的提高、新技术的发展甚至空气和水污染控制(产生了大量污染处理残留物)的成功都导致废物产量大幅增加,超出了当地的处理能力。最令人担忧的是危险废物。

《资源保护和恢复法》的核心就是针对有害物质的“从摇篮到坟墓”的监管计划,旨在管理并最大限度地减少今后工业操作和生产过程中危险废物的产生及其对土地和地下水的污染。它对以下三类危险废物的责任方提出了联邦强制管控要求:危险废物的产生者,危险废物的运输者,以及储存、处理或处置危险废物的设施的所有者(或使用者)。这些要求包括上述三方共同维护废物跟踪清单系统以跟踪废物的责任,以及为每一责任方量身定制的特殊要求。例如,要求危险废物设施获得附带特定废物管理规定的许可证;要求危险废物产生者识别并标记其废物,以作为将危险废物加入清单系统的第一步。在20世纪70年代有关废弃危险废物场地的消息传播开后,《资源保护和恢复法》于1984年得到了修订,要求危险废物处理场地清理其现场已有的污染物。考虑到一向由州和地方政府管控垃圾这一传统,美国国会在《资源保护和恢复法》中规定将非危险废物的管控权几乎完全交由州和地方政府。与其他主要的美国联邦环境法一样,如果获得美国环境保护署的批准,各州可以施行《资源保护和恢复法》中的危险废物计划。

受监管社区面临的挑战之一是弄清楚特定废物流是否是受管制的危险废物。简而言之,根据美国环境保护署的规定,如果一种危险废物已被美国环境保护署列入清单,或者如果它具有以下一种或多种特性:毒性、反应性、可燃性或致癌性,则需对其进行管制。家庭危险废物不受《资源保护和恢复法》管制,这应该是合理的,因为联邦政府不便监管人们在家中的活动。把《资源保护和恢复法》定义的危险废物在美国环境保护署的法规中清楚地描述出来是一件非常复杂的事情,部分原因在于它定义了很多零零碎碎可以不受管制的东西。例如,尽管煤灰具有受管制的危险废物的特性,但是却被免于监管,怎么会这样呢?另外,那些似乎将废物从流通过程中清除但实际上并非如此的行为难以规范。这种行为被称为假回收。将有害污泥(将其作为废物处理的成本较为高昂)添加到水泥中是否合法，或者是否是假回收？

什么是家庭危险废物？

家庭危险废物是那些在住宅使用后等待处理的产品，它们在技术层面上应该是受美国联邦监管的危险废物，但实际上并不受监管。家庭危险废物的产量非常可观。美国每个普通家庭平均每年产生约20磅家庭危险废物，每年总计产生约53万吨。以下是一部分家庭危险废物：

① 油漆，防腐剂，剥离剂，溶剂和刷子清洗剂；

② 清洁剂（例如烤箱清洁剂，地板蜡，去污剂，排水管清洁剂）；

③ 机油，蓄电池酸液，汽油，汽车蜡，防冻剂，脱脂剂，防锈剂；

④ 个人护理品（例如指甲油），药品；

⑤ 农药。

城镇通常设有家庭危险废物回收日，有些还制订了药品回收计划。政府机构和产品标签通常会提供有关如何妥善处理家庭危险废物的信息。个人根据这些信息决定是利用这些对环境负责的机会，还是简单地将家庭危险废物弃置在水槽、雨水排放口，或者不做标识就将家庭危险废物投入垃圾箱中。如果他们选择后者，这些废物将得不到妥善处置，其有害成分将进入地下水或地表水中，又或空气中。

废弃的危险废物场地的情况如何?

美国国会在1976年时坚信《资源保护和恢复法》最终会通过捣毁最后一个主要的污染堡垒——工业危险废物流来实现污染的“闭环”。但此后不久,美国举国就被洛夫运河(Love Canal,也称爱运河)的悲剧震惊了。悲剧的发生地是位于纽约州尼亚加拉瀑布城(Niagara Falls)的一个居民区,这个居民区建在一个废弃的化学垃圾场上。洛夫运河的悲剧提出警示,人们应制定更完善的法律来处理危险废物,特别是废弃的危险废物场地。这也是一个关于企业责任、隐蔽的污染和政府角色的寓言。洛夫运河以威廉·洛夫(William Love)的姓氏命名,此

药品属于家庭危险废物
Photo by freestocks.org on Unsplash

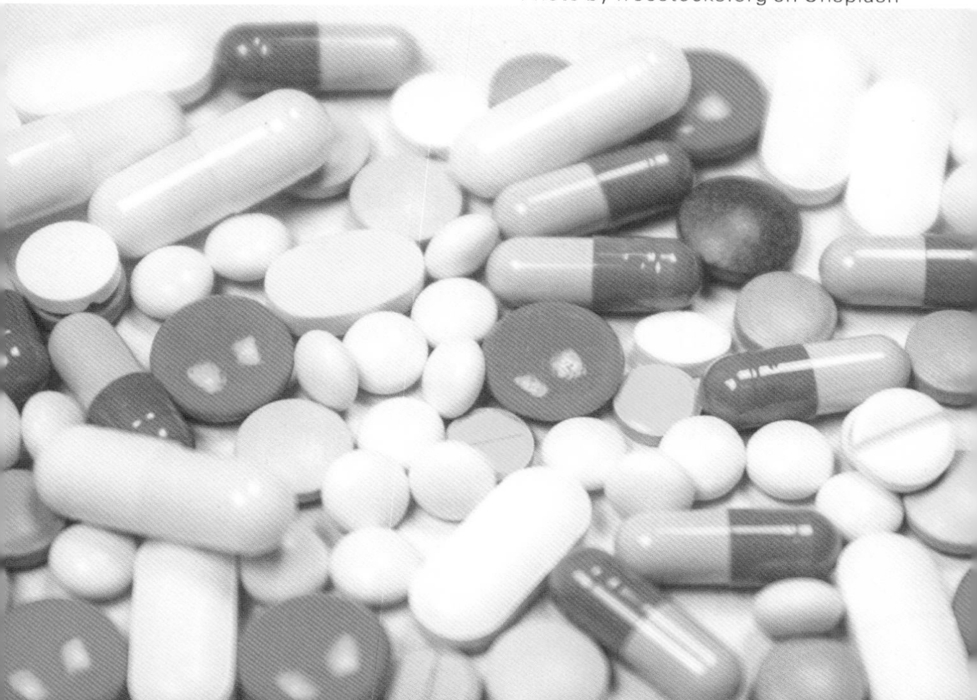

人在 19 世纪 90 年代想要将尼亚加拉河与安大略湖连通，并建造一座模范城市。但他没有成功，只留下了一条壕沟。他的土地被胡克化学公司（后来的西方石油公司）所收购，该公司在这条壕沟中填埋了 22000 吨有毒废物。1953 年，胡克化学公司以 1 美元的价格将这块土地卖给了尼亚加拉瀑布城，并就这些废物向当地政府提出警告。当地政府在这块土地上建造了两所学校，随后又开发了住宅项目。

到 20 世纪 70 年代中期，那里的住宅地下室里充满了化学品，泄漏的废物桶不断被发现，洛夫运河沿岸的居民遭受着流产、先天缺陷和后天性疾病等厄难。胡克化学公司否认其责任，当地政府则忽视公民投诉。经过大型的公民活动和言辞激烈的新闻报道后，美国环境保护署对事件进行了调查。1978 年，吉米·卡特（Jimmy Carter）总统批准了紧急财政援助——这是总统应急基金第一次被批准用于非自然灾害。超过 200 个家庭被疏散或同意搬离。美国环境保护署当时称该事件为“美国历史上最令人震惊的环境悲剧之一”。隐蔽的化学垃圾场的存在，以及对超越《资源保护和恢复法》之外的政府行动的需要成为解决这些问题的焦点。

因为垃圾场用地通常很便宜，所以把学校建在垃圾场用地的情况并不少见，就像尼亚加拉瀑布城的学校那样。例如，马萨诸塞州的新贝德福德市就有一所高中建在一个垃圾场上，此处现在已出现了问题；位于马萨诸塞州富裕的康科德镇的一所公立高中也建在垃圾场上。新贝德福德市和康科德镇的居民对这些选址决定表示担忧。《超级基金法》是洛夫运河以及 20 世纪 70 年代发现的其他一些臭名昭著的垃圾场的直接结果。

什么是《超级基金法》?

《超级基金法》是《综合环境响应、赔偿与责任法》的常用简称,美国国会于1980年通过了该法案,以应对危险废物场地问题,包括像洛夫运河这样的废弃场地。《综合环境响应、赔偿与责任法》所涵盖的其他常见场地包括旧的填埋场、军事基地、港口、河床、矿山、冶炼厂甚至整个城镇,比如蒙大拿州的利比镇,那里到处存在石棉污染现象。《超级基金法》这一简称并不恰当,因为超级基金仅仅是依法设立的、用来清理那些无法找到责任方的废弃危险废物场地的基金。然而,《综合环境响应、赔偿与责任法》包含比基金(基金时常会因美国国会的行动而用尽)更重要的条款。最重要的是其责任条款,旨在强制危险废物场地的责任方(场地的所有者或最先在那里堆放废物者,例如洛夫运河的胡克化学公司)支付清理费用,向政府偿还由该基金支付的清理费用,有时还要亲自执行清理工作。无论它们是由于疏忽还是因严格的责任;无论它们最初是否获得在那里处置废物的政府许可;无论它们是否了解现场条件;无论它们是否在销售文件中指出危险之处,就像胡克化学公司的所作所为;也无论它们在这些地方倾倒有害物质是始于几十年前还是昨天,总之,这种责任都会随之而来。此外,对于涉及多方倾倒有害物质的场地,如果无法确定某一方对污染的贡献程度(由于没有场地记录或者没有在现场进行废物分类),所有责任方都应"承担连带责任",这就意味着可以要求某一方支付全部清理费用,除非这一方能够证明其倾倒的废物可以与现场其他有害物质"分割开"。通常,责任方会选择支付清理费用来履行它们的责任,而将实际的清理工作留给联邦政府。《综合环境响应、赔偿与责任法》涉及的一些场地有许多责任方,它们同意共同支付清理费用,彼此之间公平分摊费用,这并不罕见。鉴于严格的连带责任标准带来的责任风险,这通常也是明智的选择。如果《综合环境响应、赔偿与责任法》涉及的场地没有可识别的责任方,或者如果确认的责任方确实无法支付清理费用,则该场地就是"孤儿",政府可以通过超级基金拨款支付其清理费用。

《综合环境响应、赔偿与责任法》基于"污染者付费"的追责方法被认为非常不公平,甚至是严苛的,但是这一方法却促成了化学工业(以及其他工业)与废物处理方式有关的行为转变:从粗放的废物处置方式转向高度重视其废物流最终处置的方式。《综合环境响应、赔偿与责任法》责任条款也提出了法律和政策难题。如果某个资金短缺的地方政府拥有一个超级基金场地(例如原来的城镇垃圾场)并公然向那里运送垃圾,那么该政府是否应该为场地清理支付数百万美元费用,从而挪用可能用于购买消防车或安装红绿灯(这是两个保障公共安全的采购项目)的市政资金呢?如果不动产买家在购买不动产时并未完全了解场地污染状况,而该场地后来被证明是超级基金场地,那么买家是否应该支付清理费用呢?如果他们知道这些不动产已经被污染,而以低价买入,那该怎么办?如果来自超级基金场地的受污染地下水渗透到邻近的土地上,使那里成为场地的一部分,并使其主人因此而可能依法承担责任,又该怎么办?

不受控制的工业废物经常渗入地下水。由于地下水作为饮用水源很重要,超级基金的清理工作通常不仅需要解决地表污染问题,还需要解决地下水污染问题。而地下水清理困难、耗时长且成本高。

清理地下水有多难?

住在大型《综合环境响应、赔偿与责任法》场地(其中有1000多个被列入了美国国家优先处理清单,该清单是美国及其领土内已知危险废物场地的国家优先控制场地名录)附近的人知道,场地清理从选择正确的清理策略到宣布清理完成,是一个漫长的过程。部分原因是该场地的地下水清理最难完成。将放置有老旧的危险废物桶的垃圾填埋场用植被、密实土壤或合成材料覆盖物封住,以阻止废物随雨水或风移动,或者甚至挖出废物桶并将其运走,这是一回事。找到地下深处受污染的地下水,并尝试将其水质恢复到饮用水标准则是完全不同的另一回事,而后者通常才是《综合环境响应、赔偿与责任法》的清理目标。

地下水不仅深入地下,而且相应的含水层通常还包括崎岖的破碎岩石,导致污染物难以定位。此外,污染物本身可能很难确定:油污可能漂浮在顶部,重金属可能会沉到底部,并且可能无法将所有受污染的水排出并在地表清理这些水(一种被称为“抽出处理”的常用方法)。而且,根据化学品性质和地下地质条件的不同,清理过程可能需要几年到几十年才能完成。

《综合环境响应、赔偿与责任法》场地仅占受污染地下水源很小的比例。它们所呈现的治理挑战,是各地都需要减缓地下水污染速度的原因之一,这些地下水的污染源不仅仅有生锈的容积为55加仑的化学废物桶，还有化肥、杀虫剂、洗涤剂和石油产品等。

此外，令人惊讶的是，石油被排除在《综合环境响应、赔偿与责任法》所定义的“有害物质”（一个有助于确定法规适用范围的术语）之外，因此未产生污染的汽油和其他可能最终进入地下水的燃料不属于《综合环境响应、赔偿与责任法》的清理对象。美国环境保护署和法院多年来一直在努力解决这一重要但模糊的法定除外事项带来的问题。

什么是棕地？

棕地是已被废弃或闲置的工业或市政用地，其闲置的主要原因是潜在买家担心可能存在的有害物质会令重建变得复杂。出现这种合理的担忧是因为最初（在修订之前）的《综合环境响应、赔偿与责任法》毫无例外地对所有受污染不动产的所有者施加了责任。棕地经常被拿来与绿地对比，绿地通常是位于城市之外的未开发地块，未被污染，因此被认为拥有良好的发展前景。

棕地无处不在：它们曾经是当地加油站的空置地块，或者是当地五金修补店后面围合的地块，又或者是城镇另一端尘土飞扬的废弃制革厂遗址。美国环境保护署估计全美有超过450000块棕地。这些棕地意味着以下重大机会的丧失：城市复兴、市政税基、商业投资，以及避免不必要地使用绿地发展工业。有鉴于此，美国联邦、州和地方政府在过去的20多年里一直通力合作，努力让棕地获得新生。联邦政府采用的机制有税收激励措施、免除法律责任(例如2002年通过的《小企业责任减免及棕地再生法》采取的机制)、向州政府以及其他利益相关方提供补助金,以及对棕地社区提供技术援助。

纽约市斯塔滕岛的弗莱士河公园(Fresh Kills Park)项目是一个充满戏剧性的棕地复兴成功案例。弗莱士河公园建在沿海沼泽地,于1948年开放,后来成为纽约市居民生活垃圾的主要处置区(并且1991年之前仅此一处),直到2001年3月才关闭。到1955年,它已成为世界上最大的垃圾填埋场之一,在高峰期每天要接收29000吨垃圾,并通过一队驳船将垃圾运送到纽约港。它于"9·11"事件之后不久又短暂地重新开放,以便接收来自世界贸易中心的废物,并在那里仔细筛选遗骸和遗物。弗莱士河公园项目将建造一个占地2200英亩(是曼哈顿中央公园面积的3倍)的公园,包括运动场、骑马道和艺术设施。如果一切顺利,该公园将于2036年开放。

越来越常见的棕地复兴成功案例是高尔夫球场,因为它们可以建在退化的土地上,并且可以将有碍观瞻之处变成有利可图和吸引人的地方。例如,芝加哥的港滨国际高尔夫中心建在城市固体废物填埋场上;由杰克·尼克劳斯(Jack Nicklaus)设计的蒙大拿州阿纳康达(Anaconda)老工厂高尔夫球场建在《综合环境响应、赔偿与责任法》场地上。当然,高尔夫球场也存在问题,包括灌溉用水、农药和化肥对地下水的污染以及对栖息地的破坏。这些问题正是高尔夫球场被建在曾经受污染的土地上的意义所在:尽管它们看起来很像原始景观,但其实并不是。

其他国家如何控制废物?

与美国的情况一样,其他许多国家将废物分为城市固体废物、危险废物、生活废物、电子废物等。它们还制定了具体法律,规定了生产者、运输者以及废物处理设施的所有者(或使用者)的责任。

欧盟的《废物框架指令》(Waste Framework Directive)是说明性的法规,其成员国应通过本国立法来施行该指令。该指令给出了废物的定义和管理原则等指导性意见。它适用"污染者付费"原则以及生产者责任延伸(extended producer responsibility,EPR)原则。生产者责任延伸原则认为产品生

高尔夫球场
Photo by Allan Nygren on Unsplash

产商应该回收用过的产品以实现最终的回收再利用。它将生产者的责任扩展到消费后阶段,并且是一种越来越重要的废物管理工具。一个常见的例子是,消费者可以将打印机碳粉盒送还给供应商。该指令还包括回收和再生目标,并要求成员国制订废物管理计划和废物产生预防计划。该指令规定了废物管理实践的层级结构,从最有效到最无效依次为:预防、为再利用做准备、回收、再生用作能源等用途、最终处置。

鉴于废物减量化在任何地方都有较高的优先序,世界各国已采用了一些立法工具来减少废物量,并妥善管理剩余废物。例如,塑料是广泛存在且对环境危害特别大的废物,越来越多的国家开始对塑料袋实行严格控制。孟加拉国于2002年禁止使用薄塑料袋,以解决塑料袋在洪水期间堵塞街道排水沟的问题。印度的一些地区和几个非洲国家也实施了类似的禁令。爱尔兰已经开始对塑料袋征税,并同步开展了提高公众意识的运动。与其他环境法和倡议一样,废物减量化取决于资源和政治意愿。

为减少废物,我们还能做些什么?

减少废物的最佳方法是停止产生废物。除此之外,政策制定者和监管者支持"综合废物管理"理念。该理念经常被应用于市政当局等多部门控制废物的行动中。综合废物管理包括三个步骤:在废物进入废物流之前从源头上减少废物,例如,去除不必要的包装;将废物回收并分选以便再利用和再循环;以环境友好的方式管理填埋或焚烧的残余物。

然而，许多解决方案涉及生活方式和文化期待，特别是在富裕阶层的人群中。为什么富人需要这么多鞋子，这么多车？为什么这么多新建的郊区住宅都是超大独栋别墅？但是，生活方式是有可能改变的。据美国《新闻周刊》报道，密歇根大学交通研究所报告称，2011 年，婴儿潮一代购买新车的可能性是千禧一代的 15 倍。也许这是表明 20 世纪后期的物质主义可能会让步于新简单主义的早期迹象。

为什么回收利用很重要？

这个问题的答案显而易见。回收利用减少了需要处理或焚烧的废物，并将原本会被丢弃的物质送回到有用的循环中。它还可以节省能源。例如，世界银行报告说："用再生铝生产铝所需能源比用原始材料生产少 95%。"我们有充分的理由将回收利用作为负责任的废物管理的关键部分，联合国和美国环境保护署也因此大加鼓励回收利用，全球许多城市也都因此而有回收利用计划。

有些人试图诋毁废物回收利用，其论点包括：成本过于高昂，雄心勃勃开始后往往停滞不前，垃圾填埋空间足够，成本超过了收益。这些人的论点已遭到负责任的环境政策制定者的反驳。环境政策制定者指出了这些论点的缺陷，包括对填埋能力和成本的误解，以及对保护自然资源的巨大收益和开采自然资源的成本的误解。

是否有可能完全消除废物？

零废物似乎是一个不可能实现的目标。然而，实际上这是一个合理的愿望，旨在显著减少并最终消除人类所处置的废物。从这个角度来看，废物被视为潜在的资源或剩余产品，在“摇篮”中有效循环，并且比现有的工业系统更加接近自然循环，而不是“从摇篮到坟墓”（通常，“坟墓”是指垃圾填埋场、垃圾堆、空气或水等）。零废物理念的支持者认为最终目标是难以企及的。因此，他们建议采用增量方法，包括社区回收、节能，以及将副产品纳入制造作业的闭环工业流程。这一理念正在变得流行并且出现在我们的日常生活中。例如，许多杂货店现在鼓励顾客使用可重复使用的购物袋，政府通过奖励的方式鼓励拼车和使用公共交通工具，家庭将蔬菜废物做成堆肥并将其作为有机肥施到后院花园。

一些地区已针对零废物立法。在布宜诺斯艾利斯，2002 年至 2011 年人口没有显著增长，垃圾填埋场的垃圾量却从 140 万吨增加到了 220 万吨。2005 年，该市意识到这一趋势，颁布零废物法做出响应，要求将送往垃圾填埋场的废物量减少 75％，这是一个雄心勃勃的目标，并催生了在城市里减少废物的新方法。华盛顿州西雅图市在其 1998 年制订的固体废物管理计划中采用了零废物指导原则。美国其他一些城市也有同样的目标。在每一个案例中，政府的目标都不是立即实现零废物。政府鼓励认真思考并采取行动，以在未来某个时候实现零废物。

10 建筑环境

什么是建筑环境？

“建筑环境”是指人们为生活、工作和娱乐而设计和建造的场所。它包括住宅、商业建筑、高速公路、公园等人类为了安全、舒适、便利和愉悦等目的而改造的地方。建筑环境不可避免地会改变或取代自然环境，这是我们星球的一个典型特征。

建筑环境与环境保护有什么关系？

陆地，包括森林、湿地、沙漠、草地、山脉等，为我们人类和其他所有物种的长久福祉提供了至关重要的服务功能。它仅覆盖地球表面的30%，其中大部分已经被开发利用或退化了。土地是一种非常重要的资源，但人类往往并不将它作为重要资源对待。

在哪里修建高速公路？如何开发住宅区？城镇运动场应该是人造草坪还是草地？上述决定都涉及土地利用方式，它们都会对环境产生影响。高速公路最便捷的路线可能需要穿越湿地或原始森林，但这样的路线将减损这些生态系统所能提供的许多服务。郊区住宅可能是人们逃离城市的避难所，但会导致更多汽车上路污染空气，并且将更大的地块开发为建筑用地，从而破坏现有的天然栖息地。位于郊区的高中的人造草坪可能比草地更容易维护，但人造草坪也可能释放污染物，降低土壤渗透性，增加径流。

在美国，自20世纪50年代以来，建筑环境吞噬了数量惊人的土地。1982 年大约有 7100 万英亩土地被开发,2007 年超过了 1.11 亿英亩,增幅超过 50%。在过去的 50 年里,建成了大约 400 万英里高速公路。到 2010 年,铺设的停车场和道路的面积约为 2.4 万平方英里,几乎与西弗吉尼亚州的面积相当。在人口增长最快的西部各州,经济困窘的牧场主将市中心周边的私人牧场出售给开发商,以便开发商为那些想拥有大片郊区住宅的人提供服务。在美国另一端的新英格兰州也出现了类似的现象,不断扩张的城区附近的奶农向开发商出售他们的土地。城市地区的不断扩张对所有环境资源施加了巨大压力。景观的这些变化是以自然美和生态平衡为代价的。

无论是好是坏,土地一定会被改变,以维持工业化的效益,适应人口增长的现实。郊区的发展是可以理解的:逃离城市的肮脏和拥挤,以享受郊外小镇的青翠宁静和自然秩序。然而在美国经常发生一种情况,即土地利用规划和控制措施不完善,没有考虑道路和建筑物对生态系统、水和空气质量、野生动植物等的影响。美国的土地利用规划多由地方政府制定,而且并不一致。此外,从 20 世纪初的福特 T 型车问世开始,汽车对郊区的发展及环境产生了巨大影响。密集的城市中心蔓延开来,占据大片土地,把这些土地变成依赖汽车的郊区,占用了更多的土地,导致汽车行驶里程超出必要或可取范围。与此同时,生活方式的选择给土地带来了进一步的压力:施用化肥的草坪和高尔夫球场,可容纳两辆、三辆甚至四辆汽车的车库,购物广场,等等。如果一个人在夜晚乘飞机从亚特兰大飞抵美国东海岸的波士顿,从舷窗向外眺望,将会看到来自千里之外的城市和郊区的灯光形成的几乎不间断的走廊。

在美国,土地利用决策均已得到纳税人的补贴,这些纳税人却往往比那些决策的受益人更没有发言权。补贴使得边远地区的新道路、公共设施和学校得以建成。旅游基础设施,例如为滑雪场和度假村提供支撑的道路、公寓和电力线路,通常也由纳税人提供补贴。在21世纪的今天,试图使交通、住房和其他土地利用决策变得更明智几乎是不可能的。第二次世界大战后美国不成体系的、短视的土地利用决策依然在延续,并在全球其他地方重演。所有这些建筑环境的增长都使土地退化,并且在某些情况下完全消除了其自然效用。与此同时,不受管制的增长浪费了减少空气污染、保护地下水和生态系统以及鼓励健康生活方式的机会。简而言之,这种增长并不是明智的。

高速公路网
Photo by _M_V_ on Unsplash

什么是精明增长?

精明增长,与可持续社区或紧凑型城市等理念相似,基本上与城市蔓延相反。精明增长规划方法包含几个主要元素:一是在同一地块内并置住宅、商店、居民工作场所以及学校的紧凑型混合土地利用模式,而不是将占地数英亩的住宅通过道路连接到其他场所;二是混合用途住宅的存量可满足不同社会阶层和不同年龄的人,而不是将富人和低收入者隔离;三是居民通过步行、骑自行车或乘坐公共交通工具的方式去上班和上学,而不是依赖私家汽车;四是通过集中住宅和重新利用现有的空置或废弃地块(有时称为棕地)来保护开放空间,而不是占用绿地来建造办公园区和购物中心;五是公众参与规划决策,而不是官员和开发商自上而下地决策。精明增长旨在创造经济和社会活力,通过减少污染和避免将土地转变为不透水的柏油路与施用化肥的草坪来改善环境,甚至通过鼓励步行和骑自行车来解决肥胖症流行的问题。精明增长的一个常见口号是"生活、工作加娱乐的社区"。

美国环境保护署、美国住房和城市发展部以及全球范围的规划和环境组织都奉行精明增长原则。美国及其他地方的许多社区也在推行精明增长原则。科罗拉多州的丹佛市和澳大利亚的墨尔本市就是两个很好的例子。美国一些州已经制定了法律或实施了政策,都体现了精明增长原则。例如,2008 年加利福尼亚州通过了精明增长相关法律,马里兰州于 2009 年也紧随其后颁布了相关法律;此外,许多州制订了激励计划来鼓励精明增长,阻止城市蔓延。

精明增长并非新鲜事物。这些明智的想法大都来自城市规划学家和社会活动家简·雅各布斯(Jane Jacobs)。她在1961年出版的《美国大城市的死与生》一书,如同城市规划界的《寂静的春天》,促进了密路网、小街区、混合用途空间和社区参与的发展。它避开了第二次世界大战后流行于美国的以汽车为中心的城市规划方法。实际上,雅各布斯并非在与城市蔓延做斗争,她是在与大规模公路系统作战,以避免纽约市的社区(以及美丽的华盛顿广场公园)被推土机推平。大规模公路系统是20世纪中叶纽约市公园专员和建筑大师罗伯特·摩西(Robert Moses)所构想的,并在从长岛到康涅狄格州的大片土地上得以实施,导致了城市蔓延。(摩西是一个复杂的人物,他还为纽约大都会区设计了琼斯海滩州立公园和林肯表演艺术中心等地标。)

此外,精明增长原则点明了一个隐藏的事实,即纽约和旧金山等城市及其标志性的人口密度,虽然有时与韦斯特切斯特和马林的美景形成鲜明对比,但纽约和旧金山却是高效且环保的城市,尽管它们存在特殊的环境问题。这主要是因为它们的人均碳足迹很小,拥有相对较好的密路网和公共交通系统。在2004年《纽约客》的一篇文章中,大卫·欧文(David Owen)提出了一个强力的论点:"以最重要的指标来衡量,纽约是美国最环保的社区,也是世界上最环保的社区之一。"这篇文章采用的指标包括化石燃料的使用、运输方式、能源消耗和土地利用。

但是精明增长并不容易实现,也并非万能的灵丹妙药。一方面,在美国,按用途分区(工业区、住宅区、农业区)的传统分区法实际上抑制了精明增长,美国大多数的交通政策也是如此，这些政策偏向高速公路而非公共交通系统。1956年，按照美国国会颁布的一部法案创建的州际公路系统就是一个典型的例子。它的里程超过了46000英里，是对私人交通代替公共交通、单人驾驶代替多人共乘的深度认可，而私人交通和单人驾驶都不利于精明增长规划。设想一下，如果美国的州际铁路系统像州际高速公路系统一样覆盖面广、维护良好、资金充足，并且与欧洲和日本的可靠而先进的技术一样，精明增长就容易实现了。

一些人认为，精明增长尚未带来预期的收益。另一些人则担心，在陷入困境的城区，精明增长难以实现其复兴目标，即避免绅士化现象以及低收入人口和老龄化人口流离失所。当成熟的郊区邻里遭遇按精明增长线路重构的威胁时，还有一些人则表达了“不要在我家后院”(not in my backyard, NIMBY，也译作邻避)的诉求。当然，很显然，这是土地利用规划中的一个重要思想，它向大众承诺馈以重大的社会、环境甚至经济回报。

邻避有什么问题?

邻避是对将自己住宅附近的土地开发为那些让人感觉不快的场所，比如污水处理厂、电力线、购物中心、公共汽车总站、养老院、高层建筑等的土地利用方式的抵制反应。指出一个人有“邻避”偏见并不讨人喜欢，但是“邻避”几乎是对任何可能冒犯一个人的安全感、美感或生活质量的建筑环境的一种常见反应。其他相关的缩略词，有些表达的情绪更强烈，包括：LULU (locally unwanted land use，当地居民排斥的土地利用)，NIABY(not in anyone's backyard，不要在任何人的后院)和

BANANA(build absolutely nothing anywhere near anybody,不要在任何人家附近建造任何设施)。

邻避的问题在于,使用它的人通常承认有争议的土地利用的重要性,但希望政府在其他地方开发这类用途的土地,并且使用它的人有能力花时间和金钱来提出反对意见。鳕鱼岬海上风电场项目拟在马萨诸塞州科德角附近建一个风电场,生产可再生的无碳能源,但是因遭到来自科德角、玛莎葡萄园和楠塔基特岛的富裕的夏季居民的强烈反对而搁置,其中许多人反对该项目是因为风电场有碍观瞻。他们对风电场并没有普遍的反对意见,只是对那些从家中和帆船上看到风电场的人来说,风电场会影响他们眼中的景观。邻避反应并不限于美国。例如,英国风电场选址的反对者提出了类似的反对意见。

风电场选址可能破坏景观
Photo by Jan Kopřiva on Unsplash

城市面临哪些特殊的环境挑战?

现在世界上一半以上的人口居住在城市地区,而 1950 年只有 30%的人口是城市居民。1950 年,世界上有两个超大城市(人口超过 1000 万的大都会区),即纽约和东京,2015 年则有 35 个超大城市,其中许多在发展中国家。这种趋势还将持续下去,因为随着全球人口继续增长,人们越来越倾向于迁往那些提供就业和其他机会的城市区域。发展中国家的城市化步伐最快,同时,城市化也发生在发达国家。此外,随着郊区通勤时间不断变长,纽约、波士顿和旧金山等现有的城市中心成为越来越具有吸引力的居住场所,那里的住房变得只有富裕阶层负担得起,而不够富裕的居民要么已被迫离开,要么无力参与市场竞价。

尽管城市所承载的人口越来越多,但至少在美国,城市环境问题在历史上一直没有受到重视。美国的环保主义者和富裕人士率先倡导制定环境法,以保护标志性的乡村和郊区景观。他们的观点反映在法律本身及其执法过程中。20 世纪 70 年代,来自缅因州的参议员,而不是来自纽约市布朗克斯区的国会议员,相继推动了《清洁水法》和《清洁空气法》的制定。《清洁水法》的目标是可捕鱼、可游泳的水体,但不一定在城市河道中达成这个目标。波士顿港直到 1991 年一直在接纳城市污水,而且至今仍在受纳城市溢流污水(尽管该港口现在比 20 年前干净多了),纽约港也是如此。同样,城市的空气质量一直比郊区和农村地区的空气质量差,因此更多的城市居民面临空气污染及其伴随的健康问题。使用柴油的公共汽车、卡车等，是城市空气污染的主要污染源，并且其排放点通常距离行人和骑自行车的人只有几英尺远，对公共汽车和卡车这两大污染源进行有效监管并没有成为环境政策制定者和监管者的主要关注点。用含铅涂料粉刷的旧住房也是主要的城市污染问题之一。在巴尔的摩和波士顿这样的城市里，密集的木结构建筑附近的土壤经常遭受严重的铅污染，而受污染土壤所在的地方是城市花园所在地和幼儿玩耍的地方。同样，城市（如密歇根州的弗林特市）街道下面的老式铅锌管道将饮用水送到住宅水龙头，这种水有时会受到严重的铅污染。

除了相当明显的环境挑战，特别是有关空气质量的问题，城市通常还比其他地方更热。美国环境保护署报告，一座拥有100万人口的城市的年平均温度可能比其周围环境高出5.4 °F。在晚上，这个温差可以达到22 °F。热量对于老年人等敏感人群来说尤其不利，而且会令他们感到不舒服，特别是对于买不起空调的人来说尤其糟糕。可以通过将土地用于建设更多公园（甚至是口袋公园），建造绿色屋顶（例如芝加哥11层楼高的市政厅是作为城市热岛计划的一部分而建造的），种植行道树，以及将热量影响纳入城市规划等手段来减缓气候变化。

最后，让城市保持清洁是一件很难的事。据报道，在纽约市每年约有50万只狗在街上留下超过20000吨粪便和100万加仑尿液。纽约和其他地方都制定了“大便铲”（poop scoop）法案。但是狗的粪便和其他废物经常被冲入雨水道，最终进入城市水道。

土地所有者可以在其私人土地上为所欲为吗？

“一个人的家就是他的城堡”，这一观念深入人心。它极大地影响了政府对于私人土地所有者如何处置其资产的管制程度。不幸的是，土地和土壤所得到的综合法律保护远比空气和水少，特别是私人所有的土地和土壤，那是他们的“城堡”。事实上，在美国，地方和联邦政府都不愿意去规范人们对其私人财产的处置行为。很少有立法者会支持限制房屋大小以节约能源的建议，或者在新的住宅项目满足其他分区要求的情况下限制该项目中每户所拥有的车库数量，或者在没有非常令人信服的理由的情况下禁止铺设车道或施用化学肥料。

美国没有联邦一级的土壤或土地保护法，例如《清洁空气法》和《清洁水法》这样的联邦法律，有此想法并不奇怪：在20世纪70年代美国国会通过《清洁空气法》和《清洁水法》时，作为同位法，《国家土地利用规划法》(National Land Use Planning Act)也被提交投票。其发起人参议员亨利·杰克逊(Henry Jackson)介绍说：“明智的土地利用规划和管理能提供最重要的单一制度策略，以保护和改善环境，实现生态的良好发展，以及维持优质生活并提供提高全民生活水平所必需的物质。”该项法案因几票之差而未获通过，并且至今再没有人尝试提交。

这很不幸。想一想飓风卡特里娜吧，如果构成密西西比河三角洲的土地受到多州规划的保护，如果天然湿地缓冲区没有因让路于城市发展和工业而被调整和破坏，那么几乎可以肯定，卡特里娜不会产生破坏性如此大的冲击力：导致大约1000人死亡，使受灾地区经济陷入瘫痪，并且破坏了新奥尔良和墨西哥湾其他沿岸地区的自然美景。

美国并不孤单。发展中国家可能会重蹈覆辙。例如，胡志明市是一个不断发展的大都市，有超过800万人生活在海拔与海平面相近的地区，其街道可能会因潮汐变化而发生洪涝灾害。该市正在建造越南最高的几座摩天大楼，但是人们才开始关注这些大楼所处位置的脆弱性。

美国的土地所有者有什么不能做的吗？

将废物大规模排放到空气中、水中，或将剧毒化学品释放到地下，抛开上述行为不论，除了少数例外，土地所有者有相当大的自由在其拥有的土地上开展建造、砍伐、挖掘等活动，这些活动可能会对周围环境产生重大影响。在美国各地，如果有所限制，那就是地方规划部门以有着不同影响力的各种方式加以限制的。其中一些限制并非无关紧要：地方细则以及地下水和湿地限制规定中的环境标准，可以在地方发展背景下保护其环境价值。有些联邦法律强调特定价值保护并可能因此限制建设活动。例如，美国《国家历史保护法》(National Historic Preservation Act)要求密切关注影响历史遗迹或文物的开发活动，尽管有时约束力很弱。美国的《海岸带管理法》(Coastal Zone Management Act)温和地敦促各州制订保护海岸带的计划。

美国联邦或州政府偶尔确实会对人们在其私人土地上的行为施以重大限制。一种情况是，当土地所有者想要在需要联邦或州许可才能开发的环境敏感区域(例如湿地或沿海滩涂)开发土地时,政府会以环境保护为由禁止开发。开发商约翰·拉帕诺斯想在湿地上建商场,所面临的情况就是如此。此外,土地所有者经常抱怨,通过禁止住宅开发等有利可图的活动来保护环境资源,政府实际上是“占用”(依据该词在美国宪法中的意义)了这些土地。土地所有者一直上诉到美国最高法院,辩称虽然他们仍然拥有这些土地,但是这些土地却已毫无价值,要求根据美国宪法第五修正案对他们进行补偿,该修正案规定私人财产不应“在没有补偿的情况下被挪为公用”。在这些例子中,大多数情况下,土地所有者已经失去了他们的土地,因为这些土地的价值遭到了贬损,只剩下低强度生产性用途。

尽管人们公认私人财产权神圣不可侵犯,并且当政府法规导致私人财产贬值时,所有者应得到补偿,但对环境的关注范围已经扩大了,人们开始在哲学和法律层面讨论私人财产权到底是什么。例如,美国的基本环境法《国家环境政策法》认为,“每一代人都是后代的环境受托人”。那么在这种情况下,私人土地上的许多具有长期影响的行为应该重新加以审视和检查,或许首先应劝阻郊区土地所有者的过度行为,包括偏好大型地块,过度使用草坪用水和肥料,以及选择住在依赖汽车出行的地方。精明增长和可持续社区的概念专注于让人们选择他们想要的居住地点和方式。有利于城市扩张的土地利用方式、税收政策以及社会价值观会让人们的这些目标更加难以实现。

公共土地如何助力环境保护?

美国大约有 25 亿英亩的土地,其中约 25%由联邦政府代表公众所有。(这不包括为印第安部落或军队保留的土地。)除了各州拥有的土地外,几乎所有其他土地都是私人土地。在美国大部分地区,公共土地上基本上不存在显眼的建筑。过去情况可能并非如此:在19世纪,美国联邦法律通过将联邦政府拥有的公共土地重新分配给自耕农来鼓励西部聚居区建设,这实际上是巨大的馈赠。然而,在20世纪,在环保主义者发声后,法律重点转向保留公共土地,其结果是限制对其进行开发。

目前,美国有4家机构管理联邦公共土地,主要用于保护、娱乐和开发自然资源。美国土地管理局控制着约2.5亿英亩土地,用于多种用途,包括娱乐、能源开发、放牧和保护;它还控制着约7亿英亩的地下矿产资源,允许私人开采和购买。美国林务局控制着约2亿英亩土地,也被指定用于多种用途,包括

私人土地在美国占有一定比例
Photo by Jesse Roberts on Unsplash

木材采伐、放牧、娱乐和栖息地保护。美国鱼类及野生动植物管理局控制着大约9000万英亩土地,主要用于植物和动物保护;其涵盖了重要的美国“国家野生生物保护系统”(National Wildlife Refuge System)。美国国家公园管理局控制着大约8000万英亩土地,用于资源保护和公众游乐。

公共土地在保护物种、水、空气和生物多样性方面发挥着重要作用。不只在美国,在世界各地,它都呈现了非常多样的自然美。它还有巨大的经济价值:木材采伐,铜、汞和镍的开采,石油和天然气钻探,放牧,以及商业开发。这一切活动都在公共土地上进行着。因此,公共土地成为商业利益追逐者与环保主义者之间巨大冲突的根源也就不足为奇了。美国国会和法庭上也上演着这样的冲突,多年来催生了一系列杂乱无章、协调性差的法律。随着公共土地及其所含资源的减少,这种冲突将继续存在,而且不断增加的人口扩大了其影响范围。

最后,美国和世界其他地方的公共土地,不应被视为野生动植物保护、健康的生态系统以及依赖公共土地保护的其他有价值的事物的唯一庇护所。人们不能仅仅围绕着这些公共土地竖起篱笆。公共土地不可避免地会面临威胁:受污染的地下水,入侵物种,气候变化,飞机噪声和尾气,空气污染物的长距离输移,以及五花八门的其他威胁。少数幸存的亚洲狮在印度的吉尔森林国家公园比在野外更安全,但是一次致命的侵袭可能会将它们彻底消灭。理想情况下,它们不应该只待在一个国家公园,也许在其他国家公园也有它们的身影。与其他环境挑战一样,公共土地的保护需要采用系统的可持续方法。公共土地是美好而关键的,但只是环境问题解决方案的一部分。

11 环境正义

正义如何成为环境保护的一部分?

许多人认为安全健康的环境是一项基本人权。与各级政府以各种方式制定和实施的任何目标一致,环境保护也应该尽可能公正和公平地进行。但是,为保护环境而采取的行动通常需要考虑经济性、实际性和赋权人的利益。正义和公平问题并不在最初的考虑范围之内。这些问题包括程序正义(所有受影响的人都有发言权并且这些声音可被决策者听到)、分配正义(以反映各方能力和责任的方式分担负荷和收益),以及矫正正义(所做出的决定考虑了过去所采取的有助于解决环境问题的行为)。环境正义解决了在国际环境协定以及国家、州和地方环境法律与政策中的基本公平这一复杂问题。

在本书的前面部分,公平和正义被认为是地球村语境下的话题,在此背景下,特别是发达国家和发展中国家之间的关系和责任,以及在减缓和适应气候变化的全球责任的特定背景下,它宣示着国际范围内,正义是一个重要因素。在过去的30年里,环境正义在许多情况下一直是环境政策制定者、社会正义与公民权利活动家密切关注的主题,部分原因是正义和公平的观念在环境法律与政策中经常被边缘化。如今,在美国,该观念已成为最令人瞩目的焦点之一,而且在遍布世界各大陆的许多地方,环境正义都是认真研究、讨论和行动的主题。举一个来自拉丁美洲的例子,2001年,巴西举办了拉丁美洲的第一次关于环境正义的国际学术讨论会。肯尼亚和尼日利亚的环境正义运动体现了环境正义在非洲的重要性,并且这种重要性在印度也日益突显。环境正义的观念已经加大了政府对全球环境问题的反应,并大大扩增了在环境保护决策中拥有或应该发表意见的团体的数量。

何时会出现环境正义问题?

当某级政府打算采取的行动可能对弱势群体造成不成比例的影响时,就会出现环境正义问题。例如,在化工厂、公交车站、城市高速公路或发电厂等污染源集中的地方,那里的居民已经遭遇污染、健康和社会问题,他们或者处于经济劣势,或者几乎没有什么政治影响力,出于某种原因被政府忽视,没有机会参与决策过程,或者受到歧视。在美国,这种现象主要出现在低收入社区和非白人社区。

路易斯安那州的康文特(Convent)是一个低收入非洲裔美国人社区,所在之处后来被称为"癌症廊道"(也被称为"石化走廊")。癌症廊道在路易斯安那州巴吞鲁日(Baton Rouge)和新奥尔良之间沿着密西西比河延伸超过 100 英里。大约有 100 万人住在癌症廊道区域。它之所以得名,是因为那里的居民癌症发病率很高,而且那里的炼油厂、有毒废物堆放场以及其他有毒工业设施合计超过 150 处,每年排放的有毒物质接近 1.3 亿磅,约占全美国有毒物质总排放量的 1/16。1996 年,星泰克公司(Shintech Corporation)宣布计划在康文特建设聚氯乙烯工厂,这座工厂将向已受污染的空气中额外排入大量的有毒物质。1999 年,在遭到社区的强烈反对、国会黑人核心小组(Congressional Black Caucus)的施压以及环境正义活动家提起的民权投诉之后,这项计划被取消了。虽然康文特的一些居民支持在他们的社区设厂,因为它会像全国有色人种协进会的当地分会一样带来就业机会，但是，2005年，星泰克选择在距康文特36英里的更富裕的普拉克明(Plaquemine)建厂。这一结果得到了美国环境保护署(该机构曾被要求对星泰克的建厂计划进行调查)的肯定，并被视为环境正义倡导者的胜利。星泰克争议事件十分经典，体现了环境正义问题在环境保护方面可以而且应该具有的意义。

什么是环境正义群体？

这个词没有通用的定义。在美国，美国环境保护署承认三个群体(少数群体、低收入群体和土著群体)属于环境正义群体，但是并没有给出该术语的定义。各州通常在正式的州环境司法政策中给出自己的定义。特定社区是否属于特定定义范畴，通常取决于什么程度的贫困水平才称得上是低收入。例如，马萨诸塞州能源和环境事务执行办公室制定的环境司法政策规定："如果社区的家庭年收入中位数小于等于全州中位数的65%，或者超过25%的人口是少数民族、外国出生或缺乏英语能力的，那么这个社区就是环境正义社区。"该政策接着进一步解释了"外国出生""缺乏英语能力"等词语。政府机构有时会尝试将某区域划为潜在的环境正义社区，以帮助确认某项特定的政府行动是否可能引起环境正义问题。事实证明，这是一项艰巨的任务。

如何界定环境正义？

美国环境保护署或许提供了最佳的实用定义。环境正义是“无论种族、肤色、国籍或收入，所有人在环境法律、法规和政策的制定、实施与执行方面获得公平待遇，实现有意义的参与。”此定义承袭了1964年的《民权法》中关于种族、肤色和国籍的说明，并且重要的是，加入了收入。

该定义有两个截然不同的部分。公平待遇侧重于少数群体和低收入群体可能被迫承受的不成比例的负担。例如，污染设施在少数民族聚居区和低收入社区选址的概率更高，而富裕的白人社区通常能更成功地将污染设施拦在后院之外。有意义的参与主要是为社区成员提供一个合适的机会，让他们表达观点，甚至影响决策，例如，当星泰克计划在他们社区建化工厂时，他们有机会发声。创造有意义的参与机会可以像在有翻译服务的无障碍地点举行公开听证会一样简单。鉴于社区团体与企业利益团体之间、被剥夺权利者与被赋予政治权利者之间在资源和政治影响力方面存在巨大差异，环境正义是一个难以实现的目标，尽管这是一个非常重要的目标。

环境正义与清洁的空气、可游泳的水体、污染预防等其他大多数环境保护目标不同，后面几个目标的重点是污染源以及如何保护重要资源，环境正义的重点则是受污染影响的特定人群，以及如何确保他们不会不成比例地承担来自社会的不健康副产品的负荷。

其他术语，特别是“环境公平”和“环境种族主义”，也被用来表达这个观念，并且有一些不同的含义。“环境公平”是美国环境保护署最初使用的术语（被环境正义倡导者否定了）。它语义柔和，意味着风险的重新分配而不是降低风险。“环境正义”一词被克林顿政府采纳并一直被美国政府使用。“环境种族主义"是一个更为尖锐的术语，专注于种族仇恨问题，而种族仇恨是公认的环境不公平的原因。

什么是环境正义运动？

环境正义运动虽然日益全球化，但始于美国，并且至今仍是全美环境保护和社会正义对话的重要组成部分。环境正义起源于20世纪60年代的民权运动，形成于20世纪80年代，当时有害环境的政府决策（例如危险废物填埋场的选址）和有色人种的社区之间开始产生强相关性。1982年，组成人口主要是非洲裔美国人的北卡罗来纳州沃伦县发生了非暴力示威事件，这些相关性正是事件的焦点。市民反对将当地作为危险废物填埋场的选址，声称该选址是基于种族人口统计的决定。500多名抗议者被捕。美国政府和研究人员的研究证实，非白人社区在环境风险中占有不成比例的份额，但在环境决策方面几乎没有发言权。1987年，由基督联合教会发表的一项非常重要的研究报告进一步阐述了这一点，该报告名为《关于危险废物设施所在社区的种族和社会经济特征的国家报告》。以上示威事件和学术成果为环境正义运动奠定了基础。

环境正义活动家继续以街头抗议和分析硬数据等方式来提高人们的环保认识。他们还利用法院和政府机构的行政程序来挑战不公平的做法。前文描述的星泰克争议显示了这其中一些方式是如何发挥作用的。在21世纪的第二个10年，美国和其他地方的环境正义运动中，各类群体，如拉丁裔农场工人、非洲裔美国人、低收入社区活动家、美洲原住民和其他土著人口都发出了声音。有时,不同环境正义群体的利益并不相同,但它们有着相同的基本诉求:处于不利地位或受到歧视的人不应承担不成比例的环境负担,他们需要在影响其福祉的事项上获得信息并参与决策过程。

在美国,如何推动环境正义?

美国国会在20世纪70年代和80年代通过的许多环境法中都没有出现“环境正义”一词。1964年颁布的美国《民权法》中没有关于环境正义的内容。尽管近年来一些美国国会议员提交了环境正义法案,但迄今为止美国尚未颁布任何一部相关法案。因此,虽然依据《美利坚合众国宪法》中的平等保护条款或《民权法》中的有用内容,法院已经裁决了几个相关诉讼案件,但是政府或法院推动这种基本公平理念的动机相对较小。在这些诉讼案件中,很少有原告胜诉。然而,克林顿政府感受到了来自环境正义运动领导人的压力以及选区的重要性,也意识到国会不会有所作为,于是在1995年,克林顿总统发布了一项环境正义行政命令,指示联邦政府解决环境正义问题。行政命令在法律上不具有强制执行力,它只适用于联邦政府运作,但它提供了推动环境正义的巨大动力和既定做法。克林顿之后的所有美国总统都重申了这一点。小布什政府放慢了政府推动环境正义的步伐,但奥巴马政府又将环境正义责任重新纳入政府行动中。例如,由于该项命令的发布,计划选址在低收入或少数民族社区的污染设施项目如今有可能要在开展环境正义分析之后才能获颁联邦许可证,并且如果目标社区的居民日常使用除英语之外的语言，则应将许可证上的信息翻译成该种语言。此外，美国联邦法规现在经常被用来解决对环境正义弱势群体造成影响的问题。而且，一些州如今制定了环境正义政策，少数州还制定了环境正义法令。但是，重要的是要知道，环境正义主张在法庭上难以获得支持，并且在没有坚实的法律基础的情况下，很难让政府通过运作和决策实现推动环境正义这一目标。

在美国，实现环境正义的主要障碍是什么？

主要的障碍是，在有权有势且有钱的人、公司和被剥夺权利的低收入、有色人种群体之间，存在着不平等的政治和经济权利关系。这种不平等广泛存在于美国社会的方方面面，并且在整个社会结构中以许多微妙的方式表现出来。有时，政府不公正地实施环境保护，这也是美国根深蒂固的社会结构的一部分。

另一个重要障碍是，美国国会在制定法律（或修正现行法律）时在实现环境正义方面缺乏行动。显然，在目前的国会氛围中，这种行动是难以开展的。

为实现环境正义，还有什么可以做的？

也许最有力的前瞻性行动是让公众知道环境法律和环境政策也会受到公平和正义问题的影响，并且所有人都应该分担工业化的污染副产品带来的负担，包括上层社会经济阶层，他们往往比其他人更有能力应对社区的环境退化,而且与穷人和弱势群体相比,他们对环境问题的影响更大。此外,重要的是给那些经历过环境不公正的人提供充分参与环境决策和筹资所需的途径,为他们提供法律和技术支持。这些行动将推动各地的环境正义。

12 环境保护与经济

环境保护与经济增长是否相容?

毫无疑问,经济增长已经给环境资源带来了巨大压力。事实上,环境本不需要那么多的保护,但是由于工业革命以及随之而来的对化石燃料、合成化学品,以及进入地球空气和水中的所有工业副产品的依赖,我们不得不采取行动。工业革命以非常积极的方式彻底改变了世界的大部分地区,而且很少有人会认为我们应该回到工业革命之前的世界。然而,我们也慢慢了解到,它所施加的压力变得如此大,以至于目前的经济增长和持续的环境退化往往相伴而生。

应变的程度取决于我们如何明智地使用我们的自然资源,以及我们如何管理和保护它们。经济依赖于自然资源:没有它们,我们的产业就无法生产出我们需要的产品。但是,举例来说,燃烧煤炭能源会污染空气并改变气候。肮脏的空气会造成健康危机,气候变化导致的海平面上升可能会使咸水淹没农田,进而导致更高的人力和经济成本。另一方面,利用来自太阳的能源不会对环境造成相同程度的危害,并且相关成本也可能更低。从长远来看,为工厂选择太阳能或其他可再生能源反映了良好的公共政策,并具有积极的经济意义。

此外,经济增长是对健康经济的一种不全面衡量,部分原因是它没有考虑到环境影响。为什么汽车销售量增加被视为积极的经济标志?是的,它反映了经济增长,但如果这种增长依赖于化石燃料,而化石燃料是可耗尽的资源,并使地球变暖,那么这种增长是否可持续?为什么楼房破土动工被当作积极的经济指标？它反映了一个重要的经济部门的增长，但这种增长未必是可持续的增长。如果楼房破土动工后建造了大片新的住宅单元，就需要修建多条道路并割裂生态系统。经济增长是经济成功的衡量标准，但如果不加以精心管理，在 21 世纪，它可能导致土地、物种、水和空气被消耗殆尽，还有可能带来潜在的灾难。因此，问题的答案是肯定的：如果明智地推进经济增长，实现可持续发展目标，那么经济增长与环境保护是相容的。

即便如此，每当环境法规导致行业产生额外的合规成本时，如针对车载催化净化器或空气排放烟囱净化器的环境法规颁布时，受影响的公司和行业团体的共同反应是，这将是该行业的丧钟。在某些方面，经济增长和环境保护是在相互交错的目标下推行的。例如，20 世纪 90 年代对氯氟烃（正在消耗臭氧层的化学品）的监管遭到了工业界的抵制，其游说者称这种监管会造成严重的经济和社会混乱。在美国，自从 20 世纪 70 年代首次出现环境法规以来，法规对行业的影响一直是一个令人担忧的问题，并且如今颁布新法规时这个问题仍然存在。虽然新法规通常会导致受影响的行业产生额外的成本，但那些可怕的警告却被证明是错误的。氯氟烃被逐步淘汰，而行业所担心的后果并未发生。要求安装催化净化器和烟囱净化器的环境法规虽然遭到了工业界的谴责，却创造了一个由美国制造商主导的全球市场。在 40 多年的空气污染监管中，美国的空气质量和相关的健康效益得到了显著提升，国内生产总值这一最受依赖但有缺陷的经济衡量指标已上涨了超过 140%。

尽管一些环境法规受到了工业界的抵制，但随着公众越来越愿意购买对环境负责的公司的产品，并且公司看到环境可持续的生产方法可以节省成本，于是环境问题越来越多地反映在企业运营方式上。许多公司现在看到了让人乐观的盈利收益和环境理念之间、环境保护和经济增长之间的联系。

国内生产总值作为经济衡量指标，其准确性如何？

国内生产总值是基于对买卖商品和服务的一系列计算得出的经济活动指标。自 20 世纪中叶以来，国内生产总值被视为衡量一个国家的经济福祉的很好的指标。然而，从许多方面来看，它只是一个粗略的衡量指标，并且受到了主流经济学家、政府和国际组织的越来越严格的审视。欧盟提出了超越国内生产总值倡议。在美国，一些州正在重新考虑使用这个指标。无论如何，国内生产总值对经济政策还是产生了巨大影响。

它的缺点之一是没有考虑到经济活动的环境成本，因为环境成本经常是在市场之外产生的，所以没有计入总成本。正如 2005 年联合国千年生态系统评估所解释的那样，自然资源的损失代表着资本资产的损失。然而，一个国家可能会砍伐森林并耗尽渔业资源，这将显示为国内生产总值的正增长（衡量当前的经济福祉），而未显示资产的相应下降（与未来福祉高度相关的财富衡量标准）。类似地，工厂的成本和折旧被计入国内生产总值，而工厂排放废气所导致的空气质量下降这部分损失，或者因呼吸污染空气而产生的个人和社会健康成本，却没有被计入国内生产总值，这些损失或成本在经济学中被称为外部成本。

毫不奇怪，随着各国政府及经济学家对工业污染的后果有了更多了解，人们对国内生产总值的不适感增加了。增长和消费是20世纪的关键发展理念，是计算国内生产总值的核心，在21世纪，增长和消费如果不考虑其成本高昂的副产品并加以核算，就是不可持续的。

什么是外部成本？

外部成本是指因生产或消费商品所产生的成本或收益，这些成本或收益会影响到未参与生产或消费活动的各方。例如，污染的全部成本通常不由制造污染的个人或工厂承担。这些成本是负外部成本。疫苗接种是正外部成本的一个例子。在这个例子里，接种疫苗者和为此付费的人将获得保护而不会患病，同时通过不将疾病传播给其他人而使他人受益。

内部成本反映在我们为事物支付的价格中，外部成本则没有得到反映。这是我们市场系统的一个极其重要的特征，它与环境密切相关。例如，汽车生产的内部成本包括钢铁、劳动力和能源，外部成本包括废物副产品排放和排放造成的空气与水污染。污染成本是负外部成本：它没有完全反映在汽车的价格中，而是由不直接参与汽车生产或消费的人承担的。钢铁和劳动力则完全反映在价格里。实质上，外部成本是生产者收到的社会补贴。

我们很难对道路建设所破坏的湿地或森林，或因哮喘而失去的人类生命进行估值，被破坏的湿地或森林、失去生命的人并未参与市场，即在市场外部。正是由于这些外部因素，单靠市场力量不能保护环境，之所以需要政府进行干预和监管，一个原因就是必须改善这些市场失灵状况。如果将外部环境成本货币化并纳入我们购买的物品的成本中(内部化),物品的价格很可能会上涨,于是我们就有了减少代价较大的污染的动机,或者至少了解到污染的后果。市场将对污染进行更可靠的审视,因为消费者会选择污染较小的替代品。例如,消费者更有可能购买使用可再生能源或再生材料制成的产品。受一些经济学家欢迎的成本效益分析试图为这些外部成本定价,但这种工具很难应用于环境领域。

什么是成本效益分析? 为什么难以应用于环境领域?

成本效益分析是一种广泛使用的工具,通过以货币形式量化成本和收益来评估环境法和相关政府政策的净经济影响。用两位著名的环境学者莉萨·海因策林(Lisa Heinserling)和弗兰克·阿克曼(Frank Ackerman)的话说,“它试图像市场对私人部门的效益进行计算那样,对公共政策的效益进行计算”。私营企业依靠市场反应做出基本的生产决定,消费者的行为以及生产成本为企业提供必要的信息,以帮助企业了解特定产品是否有利可图。然而,环境监管机构在选择如何保护环境时,却缺乏这些市场数据。人们可以推测,但是不能确切知道社会将从法律和政策所带来的清洁但昂贵的空气或水中获益或获利多少。木材公司通过砍伐森林获得木材并从中获利,利益很容易在市场上量化。但当监管机构介入并限制木材采伐时,却很难量化森林带来的益处,包括增加生物多样性、减缓气候变化和美化自然景观等。在资源有限的世界中,现在也很难确定环境保护的优先事项应该是什么。如果必须选择,分配资金用于清理危险废物场地，或者用于改装柴油公共汽车，哪一事项更重要？哪一事项会产生更大的社会投资回报？消费者更喜欢什么？成本效益分析试图找到这些问题的答案。

支持者认为成本效益分析是确保社会合理分配资源的一种方式，即从经济角度确认哪些具体行动值得采取。他们还认为这是一种更客观的决策手段，因为它基于透明的经济假设，而且表面上看，它将规则强行引入了决策过程。成本效益分析的批评者将其视为一种营商方法(pro-business approach)，它将无法货币化的价值货币化，而这些价值(例如人的生活或者风景)在任何情况下都不应该带有价格标签，并且该方法还包含概念上和实践上的缺陷与挑战。此外，批评者对他们所看到的客观、合法的表象持谨慎态度，而这些表象实际上是用主观方法论和可疑数据做支撑的。

2015年，美国最高法院裁定，必须在《清洁空气法》制定规则之初考虑成本(该案件纠纷涉及美国环境保护署对燃煤电厂的监管)。行业挑战者对该项监管所创造利益的估价为600万美元，而美国环境保护署的标价为数百亿美元。成本效益分析没有提供标准的分析公式，并且受到政策观点的驱动，而不仅仅是经济学观点的驱动，这正如上述两个截然不同的数据所显示的那样。

尽管人们对成本效益分析褒贬不一，并且成本效益分析已经引起了政治和哲学方面的争议，但是自从里根总统于1981年首次发布行政命令要求将成本效益分析用于联邦法规的制定以来，美国政府一直在应用成本效益分析。奥巴马总统在2011年发布行政命令，重申成本效益分析在法规制定上的应用。美国管理和预算办公室负责在法规制定过程中执行成本效益分析。一些人认为美国管理和预算办公室有时会以超出严格预算考虑的方式仔细审查法规(有时会阻止法规的颁布),这是职权滥用。成本效益分析也被包括欧盟在内的其他机构所应用。

环境监管会扼杀就业机会吗?

监管者不希望扼杀就业机会,立法机构也不想这样。在美国,监管者通常在颁布法规之前开展经济影响分析,其内容包括评估该项法规的实施成本以及它对经济的影响。同样,当企业因违反环境法规而受到处罚时,惩罚政策(政府执法人员依据惩罚政策设定处罚措施并与企业协商解决方案)通常需要考虑企业的支付能力。这种考量是为了确保企业不会被关闭,除非它们的违法行为会导致严重的环境后果。

然而,关于就业丧钟的争论仍在继续,这样的争论体现了强大的意识形态基础,也就是那些主张有限的规章制度并且反对大政府的思想基础,为陷入困境的家庭带来了失业的阴影,例如缅因州造纸厂和肯塔基州煤矿的工人就因为这样的争论面临着失业的风险。举例来说,美国商会、美国国家矿业协会和肯塔基州参议院多数党领袖批评奥巴马总统所发动的"煤炭战争"[①],仅仅是为了改变他的针对燃煤发电厂空气污染防治的监管法规。事实上,在2012年,美国仅有90000人受雇于煤

---

① 2013年,美国奥巴马政府公布针对煤炭发电厂的减排计划,被其反对者称为奥巴马的"煤炭战争"。——译者注

炭行业，其中一半人分布在两个州(肯塔基州和西弗吉尼亚州)；一个世纪以前，这个数字是70万。相比之下，2013年太阳能行业雇用了143000人，比上一年增长了20%，并且继续快速增长。在此期间，低成本和易于获得的天然气已成为煤炭的有力竞争对手。与此同时，空气污染法规显著减少了死亡和疾病。显然，这不是针对煤炭的战争。经济正在发生变化，这种变化反映的是与市场力量、太阳能和其他可再生能源发电技术的改进，以及环境优先事项一致的经济机会。

环境监管能否给企业带来好处？

很少有美国商界领袖会推动针对其所在行业的严苛的监管。美国制造业协会、美国石油协会和美国化学品制造商协会等行业组织，花费了大量预算来挑战联邦环境法规并对环境政策施加影响。这些团体经常在联邦法院进行激烈的法律斗争。

但是，环境法规的某些特色可以在整体上帮助企业从清洁环境中获益。一个特色是联邦层级的法规(大多数基于联邦层级)所提供的公平竞争环境。对废物、水和空气实施全国性的、标准的、一致的监管，为行业指出了明确的监管义务，这是完全由较小的政府单位实施监管(尤其是在州一级)所无法实现的。虽然美国各州经常与联邦政府合作来规范环境问题，但联邦政府提供了一个监管基础，各州基于此提出自己的要求，行业也依赖于此开展经营活动。主要例子如关于汽车的联邦排放控制要求和关于危险废物跨州运输的联邦法规。想象一下，如果这些重要的环境法规在50个州有50套截然不同的规则，这该是什么样的景象。事实上，公平竞争环境的理念是推动美国国会起草初始环境法规的重要因素。

环境法规的执行有时也被认为是刺激创新和提高效率的动力。例如,2004 年,沃尔玛因违反马萨诸塞州和康涅狄格州装卸码头的反怠速规定而受到了美国环境保护署的执法行动处置。这一执法行动的结果是,沃尔玛改变了自己的规则,限制其 7000 辆送货卡车在全美 4000 个装卸码头怠速装卸。这 7000 辆卡车中的每辆卡车如果每天怠速 1 小时,每年将多燃烧 210 万加仑燃油。沃尔玛节省的燃料相当可观,每年向空气中排放的致霾污染物和二氧化碳的数量也明显减少了。

最后,尽管不是传统意义上的好处,但是美国主要的环境法规都为那些会受影响的行业以及公共利益团体和个人提供

装卸码头

Photo by Tobias A. Müller on Unsplash

了建议修改拟议法规的重要机会。每次提议某项法规时，美国环境保护署或其他发起该提议的政府机构都应提供有意义的发表意见的机会。如果发表的意见能使法规有所完善，发起机构随后会审议发表的意见并修改拟议法规。发起机构还在回应这些意见时解释为什么接受或者不接受这些意见。这种法定的征询程序允许行业在制定法规的框架内，不以其他常用的施加影响的方式，比如游说或诉讼，而是以建设性方式来帮助政府机构制定对行业有影响的新的管制要求，并帮助政府机构规避强加的不合理的要求。

可以使用哪些经济工具来保护环境?

政府可以而且经常引入经济工具，并以改善环境质量为目的来操纵市场行为，特别是生产和消费实践。在美国和世界其他地方，这些做法补充了本书前面所述的有关环境监管的传统行政命令和控制方法。虽然监管要求通常将污染降低到规定的限度，但是经济工具或基于市场的工具往往倾向于将污染控制在对于污染者而言能让经济可行的水平。在减少污染方面取得成功或有希望取得成功的手段包括：补贴、税收、市场许可机制（例如“总量管制与交易制度”），以及向公众披露的要求。

什么是补贴？ 它们如何在环境领域发挥作用?

补贴是一种财政支持方式，通常来自政府，用于对社会有益的活动。补贴包括税收优惠、赠款和低息贷款等，它们通常用于环境领域。例如，在美国，政府拨款促进了城市棕地的重建,市政回收计划享受补贴,联邦政府担保的低息贷款促进了节能住房的改善。

但是,补贴并不总是对环境有益。多年来,世界各国政府的能源补贴慷慨地支持着化石燃料行业。虽然最近的补贴也在推动太阳能和其他可再生能源的发展,但是其规模要小得多:2011 年全球化石燃料补贴高达 5000 亿美元,而可再生能源仅获得 880 亿美元的补贴。在美国,这种不平衡与全球状况大致相同。这是很奇怪的现象,不仅仅是因为气候危机,而且因为化石燃料行业是世界上最赚钱的行业之一,是不需要补贴的。此外,间接补贴有时也会产生不良影响。为了获取原始林木而建造的道路,实际上补贴了木材工业,从而产生了有害的环境后果。如果不控制空气污染或者水污染,那么污染者实际上是获得了由公众支付的补贴,因为公众的健康受到了污染的影响,公众不得不为此付出代价。

与补贴相反的是税收和使用费,这两项费用可以阻止对环境有害的活动或行为。例如,爱尔兰对塑料袋征税,导致许多消费者购买可重复使用的塑料袋。许多经济学家认为对碳征税会减少碳排放。固体废物处理费创造了减少浪费的动力。在缺水的地方,用户费则会影响用户家中水龙头的放水时长。

回归外部性:对与负外部性相关的活动征税是纠正外部性的好方法。相反,补贴是鼓励人们多消费具有正外部性的商品或服务的好方法。因此,碳税是阻止化石燃料消耗的好方法,而棕地补贴是鼓励城市重建的好方法。

什么是总量管制与交易制度？

在总量管制与交易制度中，政府对特定污染物的总排放量设定限额，然后分配排放权，也允许企业竞标，以将排放量控制在所设定的限额内；企业可以出售其没有用完的排放权。一旦设定了限额，市场就会控制污染物排放权的价格。在美国，乔治·H. W. 布什政府使用总量管制与交易制度降低酸雨水平，取得了一些成功。该方法得益于国会两党的支持，主要是因为它不是一种税收，而且依赖于市场原则。人们常将总量管制与交易制度作为减少碳排放以控制气候变化的另一种工具，并在《京都议定书》中推广了这种方式。与《京都议定书》一致，欧盟自2005年起施行温室气体总量管制与交易制度，并取得了一些成就。

市场披露与环境保护有什么关系？

有毒物质排放清单（Toxics Release Inventory，TRI）是美国于1986年通过的《应急计划和社区知情权法》的一部分。1984年，美国联合碳化物公司设在印度博帕尔市的一家工厂发生了毁灭性的化学品泄漏事件，紧接着在1985年，西弗吉尼亚州一家类似的工厂也发生了严重泄漏事件，美国国会对两次事件的反应便是制定有毒物质排放清单。有毒物质排放清单要求排放大量化学品的行业上报其排放清单。这些信息是公开的，可通过政府网站轻松获取。有毒物质排放清单的一个目标是向社区提供附近有毒物质的有关信息，以便社区可以针对紧急情况做出应对计划。另一个目标是为企业提供改善其环境绩效的激励措施。有毒物质排放清单非常成功:其中列出的化学品排放量迅速下降。这个例子说明了公共意识的力量以及企业对公众压力的敏感性。有毒物质排放清单这样的信息越来越多。公众想了解这样的信息,如同想了解餐馆供应的食物所含热量和糖分等信息一样。正如有毒物质排放清单所属法律的名称所指出的那样,公众的确有权知道这些信息。

企业上市(例如,首次公开发行股票)所需披露的信息和企业运营的其他相关描述,为公众提供了类似的机会,使公众不仅可以了解当前的环境法律责任,还可以了解企业的碳足迹,以及关于其运营可能对环境造成的负面影响等其他信息。尽管许多政策制定者认为此类信息披露可以让企业更关注环境问题,但是这些信息还不是法律要求披露的信息,不像有毒物质排放清单信息那样是法律要求披露的。

哪些保护环境的经济措施最有前途?

在目前可用的工具和概念中,以下是一些特别有前途的措施。

① 停止补贴那些对环境不利的商业行为,恰当地使用补贴来激励有利环境的商业行为。

② 通过征收环境税、使用费和其他内部化环境成本等机制,让污染者支付污染成本。

③ 在产品标签上,在提交给美国证券交易委员会的文件中,以及在其他地方,向消费者和股东提供有关企业运营和环

境影响的信息,从而使他们能够表达对无害于环境的商业行为和环境友好型商品的偏好。

④ 修改国内生产总值等国民经济衡量指标,使其包含环境可持续的收益和环境退化的成本。

⑤ 淡化经济增长并将可持续发展作为衡量经济成功与否的标准。

鉴于全球对环境问题给予了适当的紧急关注,联合国、立法机构、非政府环境组织和企业正在大力推行诸如此类的措施,这是一种好的现象。

13 未来

如今环境面临的最大威胁是什么？

随着人类迈入21世纪，我们所有人都应当深切关怀我们的地球。尽管科学尚未完全确定我们是否正在以一种不可持续的方式迅速消耗我们的资源，而且现实不断在变化，但是很明显，资源消耗速度很快，如果不作为或者作为不充分，均是不可取的。

环境目前面临诸多威胁。地球的大气、海洋、淡水和土地，都受到了人类这一物种施加的巨大压力，人类的适应性非常强大，几乎可以控制所有其他物种。然而在21世纪，我们人类正面临着一个具有深刻讽刺意味的问题：我们能找到一种方法来适应并逆转来自我们自身的威胁吗？关于最主要的环境威胁的任何清单都带有主观色彩。下面是其中一个清单：

① 气候变化；
② 生物多样性丧失；
③ 退缩的海洋；
④ 新兴污染物；
⑤ 人口；
⑥ 贫困。

为什么气候变化是最主要的环境威胁之一？

实际上，气候变化是迄今为止最大的环境威胁，部分原因是它几乎影响了其他所有环境威胁。这里有一个样本，告诉我们气候变化在 21 世纪后期可能带来什么后果。

在美国中西部地区，例如芝加哥、明尼阿波利斯和堪萨斯城等城市，大约生活着 6000 万人口，预计未来几十年该地区的气温将上升 3 °F，到 21 世纪末，气温则可能上升 10 °F 以上。在这种情景下，密歇根州的夏天将会令人感觉仿佛是得克萨斯州的夏天。在美国西南部，约有 5500 万人生活在洛杉矶、丹佛和盐湖城等地，这些地区的人口增长速度超过美国其他任何地区，其气温的变化趋势与中西部看起来几乎一样。该地区的气温正在升高，到 21 世纪末可能会上升 9 °F 左右，使得该地区干旱加剧，并使日益稀缺的水资源面临更严重的竞争危局。在美国东北部地区，包括纽约大都市区，气温可能上升 4.5～10 °F，导致沿海地区洪水泛滥，并且威胁到城市基础设施。

2014 年秋天，《纽约时报》发表了一篇题为《波特兰将依然凉爽，而安克雷奇将成为一个值得去的地方：在一个更温暖的星球上，哪个城市更安全?》的文章，展望未来几十年。这篇文章说："忘记加利福尼亚州的大部分地区和西南地区（干旱，野火）吧，东海岸和东南部的大部分地区（热浪，飓风，海平面上升）同样惨烈。例如，华盛顿哥伦比亚特区很可能在 2100 年成为一个洪水区。"这篇文章随后建议将太平洋西北地区作为"潜在的气候避难所"，而佛罗里达州因面临的气候威胁被描述为"地面零点"。这篇文章以非常随意的口吻描绘了令人震惊的未来，但这样的随意口吻并不能减轻人们的震惊。

孟加拉国是一个地势低洼的东南亚国家，其近 25％的国土海拔不足 7 英尺。海平面上升时，孟加拉国将是面临风险最大的国家。科学家认为，到 2050 年，孟加拉国 17％的土地可能会被淹没，1800 万人将流离失所。到 2100 年，孟加拉国的海平面会上升 13 英尺，上升速度远高于全球平均水平，这将造成可怕的后果，包括大规模移民和城市过度拥挤。

雪是冬季奥运会必不可少的。据预测，到 2100 年，迄今为止举办过冬季奥运会的国家中，只有 6 个国家会有足够的降雪（或者气温足够冷，以便人工造雪）来再次举办该项赛事。到这个时候，欧洲 2/3 的滑雪胜地可能会由于缺少雪而歇业。到 22 世纪中叶，加拿大东部的滑雪季可能会缩短两个月甚至变得更短。这种情况尽管不像孟加拉国将面对的未来那么可怕，但它也揭示了比休闲、娱乐和经济方面的损失更为严重的问题。

滑雪运动

Photo by Emma Paillex on Unsplash

未来的气候变化威胁有多严重？

这个问题非常难以回答，主要是因为答案取决于我们为应对威胁所做出的选择。如果我们选择采取强有力的二氧化碳排放控制措施，预计 21 世纪末气温将上升约 1 ℃(1.8 ℉)，升温范围为 0.3～1.7 ℃(0.6～3 ℉)。如果我们选择维持现状(例如，无法落实国际协议，主要二氧化碳排放国对企业排放监管不到位或者对居民生活方式控制不足)，则到 2100 年预计升温范围为 3～5.5 ℃(5.4～9.9 ℉)。但是，重要的是，这并不意味着 10 ℉ 就是到 2100 年可能的最大升温幅度，尽管它已经很大了。一些气候专家分析了政府间气候变化专门委员会的数据后指出，到 2100 年全球气温上升 6 ℃ 或 11 ℉ 以上的概率为 10%。这将是灾难性的。在其他情形下，我们会非常严肃地对待相同级别的风险：有多少房主会搬入已知有 10% 火灾风险的住房，并且在没有事先采取措施大幅降低火灾风险的情况下在住房里供养全家人？

为什么生物多样性丧失是重要的环境威胁？

物种有生有灭，但生物很少面临大规模的灭绝。人类对大约 6500 万年前突然导致恐龙和其他许多物种消失的第五次大灭绝深感好奇。我们这一代正在见证第六次大灭绝。我们已经引发了这次灭绝。第六次大灭绝的威胁是巨大的，因为相互关联的生命网络——它的生物多样性(其中大部分对于人类而言仍然是神秘的)，是我们人类繁荣发展的重要基础。如果带走蜜蜂、珊瑚礁,以及我们甚至尚未确定的数千个物种中的许多物种,我们所依赖的整个自然大厦都将动摇,进而失去平衡。著名的生态学家威尔逊这样描述了我们面临的情况:

> 当我们改变生物圈时,我们会使环境偏离微妙的生物之舞。当我们破坏生态系统并导致物种灭绝时,我们就会损耗这个星球所提供的最伟大的遗产,从而威胁到我们自己的生存。
>
> 人类并非像天使般进入这个世界,我们也不是殖民地球的外星人。我们是许多物种当中的一员,在这里进化了数百万年,并作为一个与其他物种相关联的有机奇迹而存在。我们以如此不必要的无知和鲁莽相待的自然环境,是我们的摇篮和托儿所,也是我们的学校,并且目前仍然是我们唯一的家园。

海洋真的"死"了吗?

直到最近,人们还认为海洋足够大,不会被严重破坏,更不必说陷入死亡旋涡了。如今人们的观点已经改变。过度捕捞、污染物(其中一些在海洋生物中积累)、垃圾、石油泄漏、酸化、声呐噪声以及气候变化都会影响海洋,改变海洋的化学过程并干扰生活在那里的生物。这些变化也会影响沿海栖息地。没有健康的海洋,人类就无法繁衍生息。

为什么新兴污染物会成为如此大的环境威胁?

许多污染物会对环境造成严重危害。新兴污染物,即那些我们尚未充分了解其可否安全进入我们的水和空气中的污染物,尤其令人不安。如前所述,药品和个人护理产品是常见的新兴污染物。一些新兴污染物已经对我们造成了多年的污染,但最近才被发现。其他新兴污染物则是我们的化学实验室的新产物。新兴污染物被广泛使用,不受处理系统和其他控制措施的制约,并且通常与内分泌干扰等有害健康的影响相关。纳米污染物就属于这一类污染物。新兴污染物是一个巨大的环境威胁,因为我们在享受其好处的同时对其知之甚少。像其他21世纪的环境污染物一样,新兴污染物可能令人想起《寂静的春天》的警告。

人口增长与环境保护有什么关系?

就像前所未有的二氧化碳增长一样,世界人口数量在20世纪从16亿增长到60亿以上。换句话说,世界人口数量在100年里增长到了原来的4倍以上(见图13.1)。相比之下,人类从进化伊始到人口数量达到10亿花费了数千年的时间。科学家预计,这种惊人的增长速度将在2050年世界人口数量达到约90亿时趋于平缓——这是令人咋舌的,同时略微令人放心。然而,最近的预测显示,人口爆炸将延续到21世纪末,到2100年世界人口数量将达到96亿至123亿。

20世纪人口急剧增加带来的压力已经在环境和人类生活中得到了体现。在美国,科罗拉多河三角洲在20世纪初期占地将近3000平方英里,如今它只占地大约250平方英里。科罗拉多河曾经可汇入太平洋,如今它在美国太平洋海岸以北50英里处消失了。导致这一结果的一个主要原因是美国从科罗拉多河引流以满足快速增加的人口的需求(有时会造成水资源浪费)。世界上的其他大河也是如此,例如巴基斯坦的印度河、中国的黄河和澳大利亚的墨累河,这些河流的水资源都非常紧张,因为它们要为流域内的居民供水。如果维持当前的人口增长速度和消费模式,这些河流的命运很容易预测。

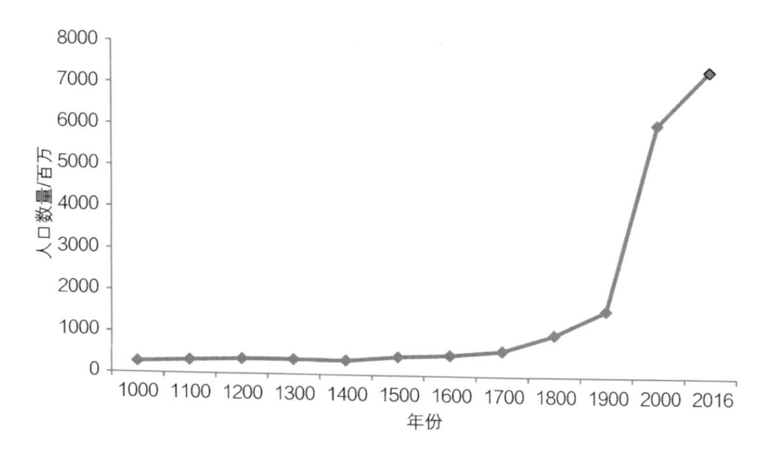

图 13.1 人口不断增长

资料来源:世界实时统计数据 Worldometers 官方网站。

随着人口的增加,尤其是在发展中国家,对食物的需求也在增加。在生物多样性丰富的地区,特别是在亚马孙热带雨林中,人们会砍伐森林,为农业生产腾出空间。尼日利亚的人口数量在过去 60 年中翻了两番,对牲畜的需求不断加大,导致了荒漠化。在埃及,随着城市人口的增长,富饶的尼罗河三角洲的土壤正以每小时 3.5 英亩的速度在流失。如果预期的人口增长趋势和当前的消费模式保持不变,未来的情况也不难预测。

到 2100 年,世界上大多数人口将居住在密集的城市地区。事实上,我们所看到的几乎所有人口爆炸都发生在城市地区。根据世界银行的说法,"到 2050 年,城市人口将和 2000 年的世界总人口一样多"。他们中的许多人都居住在低洼的沿海地区。预计未来几十年海平面上升风险最高的城市是加尔各答、孟买、达卡、胡志明市和迈阿密。

贫困与环境保护有何关系?

环境退化的后果通常由穷人负担,而穷人对环境退化的责任一般是最小的,也就是说,责任与负担不成正比。水资源短缺和荒漠化是两个全球尺度的例子。在美国,污染设施的位置与收入和种族相关。贫穷国家成了工业垃圾的接收端:来自富裕国家的工业废物,如计算机零件和废弃智能手机流向了贫穷国家;污染行业迁至了贫穷国家以获得廉价劳动力和可用土地。穷人缺乏资源来应对他们所遭遇的环境问题:缺乏资金,也缺乏信息和政治权利,而极端的环境问题与政治权利被剥夺是有关的。2000 年,纳尔逊・曼德拉(Nelson Mandela)声称:"仅靠自由是不够的……没有时间或水来灌溉你的农场,没有能力捕鱼以养活你的家庭。因此,争取可持续发展的斗争几乎等于争取政治自由的斗争。"

发展带来污染,至少历史上是如此:这是对工业化世界所获成功的巨大讽刺。当工业发展被视为解决贫困问题的最佳途径时,贫困本身就会带来污染。未来的问题在于,如何在不加剧国际社会目前正在经历的环境危机的情况下,让较贫穷的国家实现发展。

贫困与环境之间的联系在国际语境中往往被描述为南北鸿沟,一般而言,北方多发达的富裕国家,南方多发展中的贫穷国家。这种鸿沟是真实存在的,它代表着在全球尺度上环境议题领域有两个阵营,这两个阵营面临着不同的问题,有不同的解决方法。在当前气候变化谈判这一背景下,这种鸿沟尤其明显。贫困与环境之间的联系也是2015年巴黎气候变化大会的一个重要主题。

责任指定并不是一件容易的事。但分派各自的责任也是有帮助的,因为这会鼓励各国承担责任,包括道义上的责任和经济上的责任。我们所面临的全球环境挑战,其责任主要在于世界上那些富裕的工业化国家。

哪些解决方案最有前途?

尽管人类为保护环境已经做了很多,但是鉴于我们所处的时代与1970年第一次举办地球日活动和1972年举行联合国人类环境会议时已完全不同,我们需要做更多事情。以下是面向未来的解决方案。

用可再生能源替代化石燃料。全球对这个非常重要的目标的关注度越来越高。太阳能是一个热门市场,中国在这方面一路领先。各国政府正在探索限制化石燃料使用的金融手段。一些国家正在征收碳税。但这些措施需要加大力度:可再生能源,特别是太阳能,应该得到补贴、税收优惠和政治意愿等方面的支持。各级政府应该通过公平有效的手段积极征收碳税。

鼓励公共交通。全球约有 1/3 的温室气体和大量其他污染物来自汽车。据估计，到 2035 年，全球将有 17 亿辆汽车在路上行驶，比当前全球汽车数量更多，其中大部分增量出现在发展中国家（与美国 20 世纪的增长趋势相同）。即使替代能源汽车可以取代一些化石能源汽车，包括道路建设和维护在内的环境影响也将是巨大的。由清洁燃料提供动力的公共交通基础设施将减少温室气体排放并促进精明增长，对气候、空气质量和生态系统保护产生积极影响（因为扩建高速公路所需占用的大量土地得以幸免）。

降低消费。发展中国家不应将美国视为典范。在美国，没有哪个家庭需要一个三车位的车库。一次性塑料袋不是把食物从超市带到厨房的唯一途径。没有杂草的草坪并不美丽，而且还需要杀虫剂、除草剂和化学肥料来维持这种并不美丽的草坪，而这些物质最终不可避免地会进入地下水中。我们，特别是生活在郊区的美国人，需要停下来思考自己的每一次采购，消费的每一件产品，改变的每一片土地，至少想一想自己的行为在环境、经济和道德上是否合理。

理智地开拓化学品市场。对于生产者而言，这意味着透明和谨慎，并寻找不那么具有破坏性的替代品。对于监管者来说，这意味着适当地应用预防性原则。对于消费者而言，这意味着要了解所使用的产品，并调整生活方式和购买行为，以最大限度地减少对环境的危害。

促进全球合作。全球环境问题需要全球解决方案,这意味着需要国际合作。约翰·列侬(John Lennon)在歌曲《想象》中写道:"想象一下没有国家的世界。其实这是有可能的。"我们当然可以想象,但是,将世界各国政府合并为一个政府,这或许没有可能,甚至是不可取的。然而,有的观念确实需要转变:要尊重和重视政府间的合作,这需要从一个权力更大、资金更充足的联合国开始。毫无疑问,联合国为国际对话的开展、为减少污染的全球承诺、为从北到南的技术共享等创造了机会。这是一个非常重要的机构。但除《蒙特利尔议定书》外,国际社会在实际解决环境问题方面没有取得足够的成果。《京都议定书》在很大程度上是失败的,因为国家的自身利益受到了阻碍。我们需要一个更有效的国际框架,必须促进国际合作,以有效处理需要全球协作解决的环境问题。在这方面,执行《巴黎协定》是至关重要的一步。

信息公开。公众可获得的有关环境的信息和环境教育是环境保护的重要组成部分。研究、资金、政策和法律都必须转变,公开信息、提高公众环保意识,并支持学校和家庭开展环境教育。当然,信息也需要准确,政治家以及喜欢发表公开言论的人应该发表有科学依据并斟酌过的事实和假设。如果他们在立法机构任职,则应该支持那些资助优良的环境科学研究项目并促进信息传播的法律和政策。

最后，我们需要体验自然环境，这可能是了解环境信息的最有效形式。我们需要确保我们的孩子有能力、有时间观察鸟儿如何飞翔；翻开一段木头，仔细观察它下面的生物，闻一闻支持生命的肥沃土壤；结伴进入丛林，或许还可以进行丛林探险。我们当然可以去野外体验自然，但我们也可以在城市公园、牧场、湿地和山坡等地方体验自然，而且通常情况下乘坐公共汽车即可到达这些地方。

个人行动是否重要？

这是绝对重要的。在投票箱前；在选购产品的商店里，以及选择如何丢弃它们的家中；在我们做出的住在哪里以及如何去上班的决定里；在我们对孩子的言传身教以及学校的教育里。人们可以提出合理的质疑：环境挑战的规模是否意味着个人行动毫无用处？而答案却一定是，所有的行动，只要是于环境无害的、可持续的环境价值观和行为，都是至关重要的。这些行动包括我们自己的，教育工作者和他们学生的，商界和政界领导人的，父母、同事以及隔壁邻居的行动。

对今后几代人的情况有何预测？

合理的答案是难以准确地预测的。因为这取决于我们如何应对气候变化、人口、贫困以及本书所提到的其他紧迫的环境问题。然而，从作者的角度来看，前景是美好的，因为人类过去曾经有过抛开自身利益和狭隘主义的行动，如今也可以这样做。人类是一个适应性很强的物种。我们可以缓解我们已经造成的问题所带来的不好的局面，比如可以通过限制消费，开发清洁能源，以及将我们的智慧投入我们正在做的事情当中，并了解这些事情对我们的孩子以及我们需要且热爱的地球有何影响，从而解决其中的一些问题。

注释

1 环境保护概述

1. Al Gore, introduction to *Silent Spring* by Rachel Carson (New York: Houghton Mifflin, 1962, with a new introduction by Al Gore, 1994).
2. John Keats, "La Belle Dame Sans Merci," in *The Complete Works of John Keats* (Boston: Houghton Mifflin, 1900).
3. Richard Nixon, "Annual Message to Congress on the State of the Union," January 22, 1970; see Gerhard Peters and John T. Woolley, *The American Presidency Project*, www. presidency. ucsb. edu/ws/? pid=2921.
4. Aristotle, *Politics* 1. 8.
5. *Sierra Club v. Morton*, 405 US 727 (1972), 741-42 (Douglas, J., dissenting).
6. *Report of the World Commission on Environment and Development: Our Common Future*, June 1987, Geneva, Switzerland, A/42/427, www. un-documents. net/OCF02. htm.
7. Plan of Implementation of the World Summit on Sustai-

nable Development, World Summit on Sustainable Development, September 2002, Johannesburg, South Africa, A/CONF. 199, www. un. org/esa/sustdev/documents/WSSD_POI_PD/English/WSSD_PlanImpl. pdf.
8. Garrett Hardin, "The Tragedy of the Commons," *Science*, December 13, 1968: 1244, www. sciencemag. org/content/162/3859/1243. full.
9. 42 USC § 6901(b)(3) (1976).

2 污染

1. Arctic Monitoring and Assessment Programme, "Arctic Pollution Issues: A State of the Arctic Environment Report," cited in "Persistent Organic Pollutants: A Global Issue, A Global Response," last updated September 2, 2016, www.epa.gov/international-cooperation/persistent-organic-pollutants-global-issue-global-response.
2. Michael Pollan, "Precautionary Principle," in "The Year in Ideas: A TO Z," *New York Times Magazine*, December 9, 2001, www. nytimes. com/2001/12/09/magazine/09PRINCIPLE. html.
3. Rio Declaration on Environment and Development, United Nations Conference on Environment and Development, Rio de Janeiro, Brazil, June 1992, A/CONF. 151/26 (Vol. I), Principle XV, www. unep. org/Documents. Multilingual/Default. asp? documentid = 78&articleid

=1163.

4. As reported in National Institute of Environmental Health Sciences, *Your Environment. Your Health*, last reviewed July 15, 2016, www.niehs.nih.gov/health/topics/agents/sya-bpa/.

3 环境法

1. US Const. art. 1, § 8, cl. 3.
2. PA Const. art. 1, § 27.
3. Richard Nixon, "Annual Message to Congress on the State of the Union," January 22, 1970; see Gerhard Peters and John T. Woolley, *The American Presidency Project*, www.presidency.ucsb.edu/ws/?pid=2921.
4. Frederic H. Wagner, "Half Century of American Range Ecology and Management: A Retrospective," in *Foundations of Environmental Sustainability: The Coevolution of Science and Policy*, ed. Larry L. Lockwood, Ronald E. Stewart, and Thomas Dietz (New York: Oxford University Press, 2008), 142.
5. 42 USC § 4321.
6. 42 USC § 4331 (a).
7. *Cherokee Nation v. Georgia*, 30 US (5 Pet.) 1, 17 (1831).
8. US Environmental Protection Agency, Tribal Assumption of Federal Laws—Treatment as a State (TAS), last modi-

fied October 28, 2015, www. epa. gov/tribal/tribal-assumption-federal-laws-treatment-state-tas.

9. 42 USC § 6973 (a).

10. Michael Martina, Li Hui, David Stanway, and Stian Reklev, "China to 'Declare War' on Pollution, Premier Says," Reuters, March 14, 2014, www. reuters. com/article/us-china-parliament-pollution-idUSBREA2405W20140305.

4 环境保护与地球村

1. U. N. Charter art. 1, para. 3.

2. United Nations Environment Programme, "About UNEP," last accessed September 30, 2016, www. unep. org/About/.

3. Rio Declaration on Environment and Development, United Nations Conference on Environment and development, Rio de Janeiro, Brazil, June 1992, A/CONF. 151/26 (Vol. Ⅰ), www.unep. org/Documents. Multilingual/Default. asp? documentid=78&articleid=1163.

4. Indira Gandhi, "Man and Environment," Plenary Session of the United Nations Conference on Human Environment, Stockholm, June 14, 1972, LASU-LAWS Environmental Blog, http://lasulawsenvironmental. blogspot. com/2012/07/indira-gandhis-speech-at-stockholm. html.

5. Maurice F. Strong, *ECO' 92: Critical Challenges and Global Solutions*, Journal of International Affairs 44 (1991), 288-89, www. jstor. org/stable/24357310.

6. Clyde Haberman, "The Snake That's Eating Florida," *New York Times*, April 5, 2015, www.nytimes.com/2015/04/06/us/the-burmese-python-snake-thats-eating-florida.html.
7. A. Hsu, Environmental Performance Index (New Haven, CT: Yale University, 2016), www.epi.yale.edu.

5 水

1. "Brunswick Area Saltwater Intrusion Monitoring," US Department of the Interior, US Geological Survey, last modified May 29, 2015, http://ga.water.usgs.gov/projects/intrusion/brunswick.html. See also "Saltwater Intrusion Puts Drinking Water at Risk," *NOAA's State of the Coast*, http://stateofthecoast.noaa.gov/water_use/groundwater.html (site discontinued).
2. "Groundwater Study Assesses Potential for Contamination of Drinking-Water Aquifers in Los Angeles," US Department of the Interior, US Geological Survey, last modified May 19, 2014, https://www.usgs.gov/news/groundwater-study-assesses-potential-contamination-drinking-water-aquifers-los-angeles.
3. Simon Romero and Christopher Clarey, "Note to Olympic Sailors: Don't Fall in Rio's Water," *New York Times*, May 18, 2014, www.nytimes.com/2014/05/19/world/americas/memo-to-olympic-sailors-in-rio-dont-touch-the-

water. html? _r=0.

4. "Facts and Figures on Water Quality and Health," *Water Sanitation and Health*, World Health Organization, 2015, http://who. int/water_sanitation_health/facts_figures/en/(site discontinued).
5. "EPA-Supported Scientists Find Average But Large Gulf Dead Zone," National Oceanic and Atmospheric Administration, August 4, 2014, www. noaanews. noaa. gov/stories2014/20140804_deadzone. html.
6. "Concentrated Feeding Operations: EPA Needs More Information and a Clearly Defined Strategy to Protect Air and Water Quality from Pollutants of Concern," US General Accounting Office Report to Congressional Requestors, September 2008, www. gao. gov/assets/290/280229. pdf, 5.
7. US Environmental Protection Agency, "EPA Priority Pollutant List," December 2014, www. epa. gov/sites/production/files/2015-09/documents/priority-pollutant-list-epa. pdf.
8. European Commission, "Priority Substances and Certain Other Pollutants according to Annex II of Directive 2008/105/EC," last modified August 6, 2016, http://ec. europa. eu/environment/water/water-framework/priority_substances. htm.
9. "Factsheet: Polybrominated Diphenyl Ethers (PBDEs) and Polybrominated Biphenyls (PBBs)," Centers for Disease

Control and Prevention, last modified July 23, 2013, www.cdc.gov/biomonitoring/PBDEs_FactSheet.html.

10. EPA New England, "Clean Water Act NPDES Determinations for Thermal Discharge and Cooling Intake from Brayton Point Station in Somerset, MA (NPDES Permit No. MA 0003654)," Chapter 2.6, July 22, 2002.

11. "Access to Sanitation," *Water for Life 2005—2015*, United Nations Department of Economic and Social Affairs, last modified October 23, 2014, www.un.org/waterforlifedecade/sanitation.shtml.

12. Christine Dell'Amore, "Antarctica May Contain 'Oasis of Life,'" *National Geographic News*, December 27, 2007, http://news.nationalgeographic.com/news/2007/12/071227-antarctica-wetland.html.

13. Felicity Barringer, "Michigan Landowner who Filled Wetlands Faces Prison," *New York Times*, May 18, 2004, www.nytimes.com/2004/05/18/us/michigan-landowner-who-filled-wetlands-faces-prison.html.

14. 40 C.F.R. 230.4 (t).

15. US Environmental Protection Agency, "Wetlands & West Nile Virus," 2003, nepis.epa.gov.

16. "Habitat Conservation," National Oceanic and Atmospheric Administration, November 21, 2013, www.habitat.noaa.gov/highlights/coastalwetlandsreport.html.

17. United Nations, "Global Issues: Water," last accessed September 30, 2016, www.un.org/en/globalissues/water/.

18. Scott Friedman, "EPA Tests Show 'High' Percentage of Airplanes Still Have Bacteria in Water Served On-Board," NBC 5 Investigates, October 29, 2013, www.nbcdfw.com/investigations/EPA-Tests-Show-High-Percentage-of-Airplanes-Still-Have-Bacteria-in-Water-Served-On-Board-226813491.html.

6 空气

1. World Health Organization, "7 Million Premature Deaths Linked to Air Pollution," March 24, 2014, www.who.int/mediacentre/news/releases/2014/air-pollution/en/.
2. Jennifer Chu, "Study: Air Pollution Causes 200,000 Early Deaths Each Year in the U.S.," *MIT News*, August 29, 2013, http://newsoffice.mit.edu/2013/study-air-pollution-causes-200000-early-deaths-each-year-in-the-us-0829.
3. US Environmental Protection Agency, Air Pollutants, last modified October 26, 2015, www.epa.gov/learn-issues/learn-about-air.
4. "A Treaty that Inspires Global Action," The World Bank, September 19, 2012, www.worldbank.org/en/news/feature/2012/09/19/treaty-inspires-global-action.
5. World Health Organization, "Ambient Air Pollution," last accessed September 30, 2016, www.who.int/gho/phe/outdoor_air_pollution/en/.
6. US Environmental Protection Agency, "Visibility, Basic

Information," last modified September 26, 2016, www.epa.gov/visibility/visibility-basic-information.

7. World Health Organization Media Center, "Asthma," Fact sheet No. 307, 2013, last modified November 2013, www.who.int/mediacentre/factsheets/fs307/en/.

8. US Environmental Protection Agency, "Nearly 26 Million Americans Continue to Live with Asthma, EPA Says," May 7, 2013, http://yosemite.epa.gov/opa/admpress.nsf/0c0affede4f840bc8525781f00436213/3b36ff39a3e4874985257b64004bc30d!OpenDocument.

9. http://www.lung.org/lung-health-and-diseases/lung-disease-lookup/asthma/learn-about-asthma/asthma-children-facts-sheet.html?referrer=https://www.google.com/.

10. US Environmental Protection Agency, "What Are Hazardous Air Pollutants?" www.epa.gov/haps/what-are-hazardous-air-pollutants.

11. World Health Organization, "Radon," last accessed October 1, 2016, www.who.int/ionizing_radiation/env/radon/en/.

12. American Academy of Pediatrics Policy Statement, "Ambient Air Pollution: Health Hazards to Children," *Pediatrics* 114 (2004): 1699—1707, doi: 10.1542/peds.2004-2166, p. 5, http://pediatrics.aappublications.org/content/114/6/1699.full.

13. US General Accounting Office, "Information on Tall Smokestacks and Their Contribution to Interstate Trans-

port of Air Pollution," GAO-11-473, June 10, 2011, www. gao. gov /products /GAO-11-473.

14. US Environmental Protection Agency, "Cross-State Air Pollution Rule," last modified September 7, 2016, www3. epa. gov /airtransport /CSAPR /.
15. US Environmental Protection Agency, " Air Quality Trends," last modified July 21, 2016, www. epa. gov /air-trends /air-quality-national-summary.
16. US Environmental Protection Agency, "Highlights from the Clean Air Act 40th Anniversary Celebration," last modified August 8, 2016, www. epa. gov /cleanair-act-overview /highlights - clean - air - act - 4 0 th - anniversary - celebration.
17. American Lung Association, " Millions of Americans Breathing Unhealthy, Polluted Air, Finds American Lung Association's 2015 'State of the Air' Report," April 29, 2015, www. lung. org /about-us /media /press-releases /2015-stateoftheair. html? referrer=https: //www. google. com /.
18. US Environmental Protection Agency, Air Quality Index, last modified August 31, 2016, http: //airnow. gov /index. cfm? action=aqibasics. aqi.
19. www. airqualitynow. eu /comparing_home. php (last accessed October 1, 2016).
20. World Air Quality Index, Real-time, https: //waqi. info /.

7 生态系统

1. Rachel Carson, *Silent Spring* (New York: Houghton Mifflin, 1962), 189.
2. Barry Commoner, *The Closing Circle: Nature, Man, and Technology* (New York: Knopf, 1971), 33.
3. Millennium Ecosystem Assessment 2005, *Ecosystems and Human Wellbeing Synthesis* (Washington, DC: Island Press, 2005), www. millenniumassessment. org/documents/document. 356. aspx. pdf, 1.
4. EPA, "Terminology Services, Terms and Acronyms," last modified September 1, 2015, http://iaspub. epa. gov/sor_internet/registry/termreg/searchandretrieve/termsandacronyms/search. do.
5. Camilio Mora, Derek P. Tittensor, Sina Adl, Alaastair G. B. Simpson, and Boris Worm, "How Many Species Are There on Earth and in the Ocean?," August 23, 2011, *PLOS Biology* (8): e1001127, doi: 10. 1371/journal. pbio. 1001127, http://journals.plos.org/plosbiology/article?id=10. 1371/journal. pbio. 1001127.
6. Robert May, "Tropical Arthropod Species, More or Less?," *Science*, July 2, 2010: 41, doi: 1126/science. 1191058.
7. Convention on Biological Diversity, "Sustaining Life on Earth," Secretariat of the Convention on Biological Diver-

sity, April 2000, p. 5, www. cbd. int/doc/publications/cbd-sustain-en. pdf.

8. Subcommission on Quarternary Stratigraphy, International Commission on Stratigraphy, last modified May 5, 2015, quaternary. stratigraphy. org/workinggroups/anthropocene/.
9. US National Institutes of Health, National Cancer Institute, "Success Story: Taxol (NSC 125973)," last accessed October 1, 2016, https://dtp. cancer. gov/timeline/flash/success_stories/S2_taxol. htm.
10. Ewen Callaway, "How Elephants Avoid Cancer," *Nature* (October 8, 2015), doi: 10. 1038/nature. 2015. 18534, www. nature. com/news/how-elephants-avoid-cancer-1. 18534.
11. John Seidensticker, "Ecological and Intellectual Baselines: Saving Lions, Tigers, and Rhinos in Asia," in *Foundations of Environmental Sustainability: The Coevolution of Science and Policy*, ed. Larry L. Lockwood, Ronald E. Stewart, and Thomas Dietz (New York: Oxford University Press, 2008), 100.
12. 42 USC § 1531 (a) (1), (2), (3), and (4).
13. US Fish and Wildlife Service, ECOS, Summary of Listed Populations and Recovery Plans, last accessed October 1, 2016, https://ecos. fws. gov/tess_public/pub/Boxscore. do.
14. IUCN 2016. *The IUCN Red List of Threatened Species. Version 2016-2*, last accessed October 1, 2016, http://www. iucnredlist. org.

15. European Commission, "Invasive and Alien Species," last modified September 20, 2016, http://ec.europa.eu/environment/nature/invasivealien/index_en.htm.
16. Worldwatch Institute, "Vision for a Sustainable World: Rising Number of Farm Animals Poses Environmental and Public Health Risks," 2012, www.worldwatch.org/rising-number-farm-animals-poses-environmental-and-public-health-risks.
17. John Muir, *The Yosemite* (Auckland, NZ: The Floating Press, 2012), https://books.google.com/books?id=LImED8WgrWQC&pg=PA5&source=gbs_toc_r&cad=3#v=onepage&q&f=false, 6.
18. Millennium Ecosystem Assessment, *Ecosystems and Human Wellbeing: Synthesis* (Washington, DC: Island Press, 2005), www.millenniumassessment.org/documents/document.356.aspx.pdf, 6.
19. United Nations Decade on Biodiversity, "Strategic Goals and Targets for 2020," last accessed March 20, 2015, www.cbd.int/2011-2020/goals/.

8 气候变化

1. Robert Rohde, Richard A. Muller, Robert Jacobsen, Elizabeth Muller, Saul Perlmutter, Arthur Rosenfeld, Jonathan Wurtele, Donald Groom, and Charlotte Wickham, "A New Estimate of the Average Earth Surface Land Temperature

Spanning 1753 to 2011," *Geoinformatics & Geostatistics: An Overview* 1, no. 1 (2013), www. scitechnol. com/new-estimate-of-the-average-earth-surface-land-temperature-spanning-to-1eCc. pdf.

2. IPCC, 2013, "Summary for Policymakers," in *Climate Change 2013: The Physical Science Basis. Contribution of Working Group I to the Fifth Assessment Report of the Intergovernmental Panel on Climate Change*, ed. T. F. Stocker and D. Qin (New York: Cambridge University Press, 2014), www. climatechange2013. org/images/report/WG1AR5_SPM_FINAL. pdf, 4.
3. US Environmental Protection Agency, "Future Climate Change," last updated September 29, 2016, www. epa. gov/climate-change-science/future-climate-change.
4. Intergovernmental Panel on Climate Change, "Climate Change 2014: Synthesis Report, Summary for Policymakers," 2014, www. ipcc. ch/pdf/assessment-report/ar5/syr/AR5_SYR_FINAL_SPM. pdf, 2.
5. Intergovernmental Panel on Climate Change, "The Physical Science Basis, Frequently Asked Questions 3.1," 2013, www. ipcc. ch/report/ar5/wg1/docs/WG1AR5_FAQbrochure_FINAL. pdf, 11.
6. Intergovernmental Panel on Climate Change, "The Physical Science Basis, Frequently Asked Questions 8.1," 2013, www. ipcc. ch/report/ar5/wg1/docs/WG1AR5_FAQbrochure_FINAL. pdf, 37, 38.

7. Apple Environmental Report, "iPhone 6s," September 2016, http://images.apple.com/environment/pdf/products/iphone/iPhone6s_PER_sept2016.pdf.
8. IPCC Fourth Assessment Report, "Climate Change 2007: Synthesis Report," 2007, www.ipcc.ch/publications_and_data/ar4/syr/en/spms1.html.
9. US Global Change Research Program, "National Climate Assessment," 2014, http://nca2014.globalchange.gov/highlights/overview/overview.
10. Brad Johnson, "Inhofe: God Says Global Warming is a Hoax," *Climateprogress*, March 9, 2012, http://thinkprogress.org/climate/2012/03/09/441515/inhofe-god-says-global-warming-is-a-hoax/.
11. Pope Francis (Pontifex), Twitter statement, April 21, 2015.
12. Coral Davenport and Laurie Goldstein, "Pope Francis Steps up Campaign on Climate Change, To Conservatives' Alarm," *New York Times*, April 27, 2015, www.nytimes.com, /2015/04/28/world/europe/pope-francis-steps-up-campaign-on-climate-change-to-conservatives-alarm.html?_r=0.
13. Union of Concerned Scientists, "Smoke, Mirrors, and Hot Air: How ExxonMobil Uses Big Tobacco's Tactics to Manufacture Uncertainty on Climate Science," Union of Concerned Scientists, January 2007, www.ucsusa.org/sites/default/files/legacy/assets/documents/global_

warming/exxon_report.pdf.

14. IPCC, "Summary for Policymakers," in *Climate Change 2014: Impacts, Adaptation, and Vulnerability. Part A: Global and Sectoral Aspects. Contribution of Working Group II to the Fifth Assessment Report of the Intergovernmental Panel on Climate Change*, ed. Christopher B. Field and Vicente R. Barros (New York: Cambridge University Press, 2014), 1-32.
15. David Abel, "Logan Airport Drafts Climate Change Plan," *Boston Globe*, May 4, 2015, www.bostonglobe.com/metro/2015/05/03/logan-plans-major-changes-address-climate-change/KXnlO6Q0DwqlqessUZd12H/story.html.
16. Kia Gregory and Marc Santora, "Bloomberg Outlines $20 Billion Storm Protection Plan," *New York Times*, June 11, 2013, www.nytimes.com/2013/06/12/nyregion/bloomberg-outlines-20-billion-plan-to-protect-city-from-future-storms.html.
17. Alan Harish, "New Law in North Carolina Bans Latest Scientific Predictions of Sea-Level Rise," *ABC News*, August 2, 2012, http://abcnews.go.com/US/north-carolina-bans-latest-science-rising-sea-level/story?id=16913782; N. C. Gen. Stat. § 113A-107.1.
18. IPCC, *Climate Change 2014: Mitigation of Climate Change. Contribution of Working Group III to the Fifth Assessment Report of the Intergovernmental Panel on*

Climate Change (New York, Cambridge University Press, 2014).

19. US Environmental Protection Agency, "Assessment of the Potential Impacts of Hydraulic Fracturing for Oil and Gas on Drinking Water Resources," June 2015, www.epa.gov/hydraulicfracturing.
20. Columbia Law School, Sabin Center for Climate Change Law, "Climate Change Laws of the World," last accessed November 19, 2016, columbiaclimatelaw.com.
21. John Schwartz, "Ruling Says Netherlands Must Reduce Greenhouse Gas Emissions," *New York Times*, June 24, 2015, www.nytimes.com/2015/06/25/science/ruling-says-netherlands-must-reduce-greenhouse-gas-emissions.html?_r=0.
22. *Massachusetts v. EPA*, 549 US 497 (2007).
23. "UN Chief Hails New Climate Change Agreement as 'Monumental Triumph,'" *United Nations News Centre*, December 12, 2015, www.un.org/apps/news/story.asp?NewsID=52802#.VnGs25MrKMI.
24. Paris Agreement, December 12, 2015, Article 2, 1 (a), https://unfccc.int/files/meetings/paris_nov_2015/application/pdf/paris_agreement_english_.pdf.
25. Paris Agreement, Article 4, 2.
26. Paris Agreement, Article 21, 1.
27. United Nations Framework Convention on Climate Change, United Nations 1992, Article 3, Principle 1.

28. United Nations Framework Convention on Climate Change, United Nations 1992, Article, 4, §§ 4 and 7.

29. Paris Agreement, preamble.

30. Coral Davenport, "Climate Change Deemed Growing Security Threat by Military Researchers," *New York Times*, May 13, 2014, www.nytimes.com/2014/05/14/us/politics/climate-change-deemed-growing-security-threat-by-military-researchers.html.

31. Coral Davenport, "Pentagon Signals Security Risks of Climate Change," *New York Times*, October 13, 2014, www.nytimes.com/2014/10/14/us/pentagon-says-global-warming-presents-immediate-security-threat.html.

32. Intergovernmental Panel on Climate Change, *Climate Change 2014: Synthesis Report*, Summary for Policymakers 2.3, last accessed October 1, 2016, www.ipcc.ch/pdf/assessment-report/ar5/syr/AR5_SYR_FINAL_SPM.pdf.

9 废物

1. Barry Commoner, *The Closing Circle: Nature, Man, and Technology* (New York: Knopf, 1971), 40.

2. United Nations Environment Programme, "Solid Waste Management," last accessed October 1, 2016, www.unep.org/resourceefficiency/Policy/ResourceEfficientCities/

FocusAreas /SolidWasteManagement /tabid /101668 /Default. aspx.

3. The World Bank, "Solid Waste Management," December 21, 2013, www. worldbank. org /en /topic /urbandevelopment / brief /solid-waste-management.
4. UN News Centre, "Biodegradable Plastics Are Not the Answer to Reducing Marine Litter, Says UN," November 17, 2015, www. un. org /newscentre /Default. aspx? Document ID=26854&ArticleID=35564.
5. 42 USC § 6901 (a) and (b).
6. Eckhardt C. Beck, "The Love Canal Tragedy," *EPA Journal*, January 1979, last updated September 22, 2016, www. archive. epa. gov /aboutepa /love-canal-tragedy. html.
7. US Environmental Protection Agency, "Brownfield Overview and Definition," December 13, 2015, www. epa. gov / brownfields /brownfield-overview-and-definition.
8. Zoe Schlanger, "Millennials Not That Into 'Things' and That Goes for Cars Too," *Newsweek*, January 27, 2014, www. newsweek. com /millenials-just-not-things-and-goes-cars-too-227210.
9. World Bank, *What a Waste: A Global Review of Solid Waste Management*, 2012, http: //siteresources. worldbank. org /INTURBANDEVELOPMENT /Resources /336387-1334852610766 /What_a_Waste2012_Final. pdf, 27.

10 建筑环境

1. David Owen, "Green Manhattan: Everywhere Should Be More Like New York," *The New Yorker*, October 18, 2004, 111.
2. US Environmental Protection Agency, "Heat Island Effect," last updated September 2, 2016, www.epa.gov/heat-islands.
3. Andrew Goudie, *The Human Impact on the Natural Environment*, 7th ed. (Oxford: Wiley-Blackwell, 2013), 161.
4. Jayne E. Daly, "A Glimpse of the Past—A Vision for the Future: Senator Henry M. Jackson and National Land Use Regulation," *The Urban Lawyer* 28, no. 1 (Winter 1996): 7, n. 1.
5. 42 USC § 4331 (b) (1).

11 环境正义

1. Commonwealth of Massachusetts, Environmental Justice Policy of the Executive Office of Environmental Affairs, October 9, 2002, Definitions, www.mass.gov/eea/docs/eea/ej/ej-policy-english.pdf.
2. US Environmental Protection Agency, "Environmental Justice," last modified September 14, 2016, www.epa.gov/environmentaljustice.

3. US General Accounting Office, "Siting of Hazardous Waste Landfills and their Correlation with Racial and Economic Status of Surrounding Communities," June 1,1983, GAO/RCED 83-68, www. gao. gov/products/RCED-83-168.
4. Commission for Racial Justice, United Church of Christ, "Toxic Waste and Race in the United States: A National Report on Racial and Socioeconomic Characteristics of Communities with Hazardous Waste Sites," 1987, www. csu. edu/cerc/researchreports/documents/ToxicWasteandRace-TOXICWASTEANDRACE. pdf.
5. Exec. Order No. 12898, 59 FR 7629, February 16, 1994.

12 环境保护与经济

1. Millennium Ecosystem Assessment, *Ecosystems and Human Wellbeing: Biodiversity Synthesis* (Washington, DC: World Resources Institute, 2005), www. unep. org/maweb/documents/document. 354. aspx. pdf, 6.
2. Lisa Heinzerling and Frank Ackerman, *Pricing the Priceless: Cost-Benefit Analysis of Environmental Protection* (Washington, DC: Georgetown Environmental Law 214 and Policy Institute, Georgetown University Law Center, 2002), www. ase. tufts. edu/gdae/publications/C-B% 20 pamphlet%20final. pdf, 4.
3. Adam Liptak and Coral Davenport, "Supreme Court Blocks Obama's Limits on Power Plants," *New York Times*,

June 29,2015.

13 未来

1. US Environmental Protection Agency, "Climate Change Impacts," last updated August 23,2016,www3. epa. gov/climatechange/impacts/.
2. Jennifer A. Kingson,"Portland Will Still Be Cool,But Anchorage May Be the Place to Be: On a Warmer Planet, Which Cities will Be Safest," *New York Times*, September 22,2014,www. nytimes. com/2014/09/23/science/on-a-warmer-planet-which-cities-will-be-safest. html.
3. Gardiner Harris,"Borrowed Time on Disappearing Land: Facing Rising Seas, Bangladesh Confronts the Consequences of Climate Change," *New York Times*,March 28, 2014, www. nytimes. com/2014/03/29/world/asia/facing-rising-seas-bangladesh-confronts-the-consequences-of-climate-change. html.
4. Porter Fox,"The End of Snow?," *New York Times*,February 7, 2014, www. nytimes. com/2014/02/08/opinion/sunday/the-end-of-snow. html.
5. Gernot Wagner and Martin L. Weitzman,*Climate Shock: The Economic Consequences of a Hotter Planet* (Princeton,NJ:Princeton University Press,2015),53.
6. E. O. Wilson,*The Future of Life* (New York: Vintage,

2003),39-40.

7. World Bank, *What a Waste: A Global Review of Solid Waste Management*, March 2012, http://siteresources.worldbank.org/INTURBANDEVELOPMENT/Resources/336387-1334852610766/What_a_Waste2012_Final.pdf,3.
8. Susan Hanson, Robert Nicholls, and Nicola Ranger, "A Global Ranking of Port Cities with High Exposure to Climate Extremes," *Climate Change* 104 (1) (2011): 89-111:99, www.researchgate.net/publication/225826456_A_global_ranking_of_port_cities_with_high_exposure_to_climate_extremes.
9. Nelson Mandela, "Beyond Freedom: Transforming 'Ngalamadami' into 'Sithi Sonke,' " address at the launch of Final Report of World Commission on Dams, November 16,2000, www.mandela.gov.za/mandela_speeches/2000/001116_wcd.htm.
10. CNBC, "Woah! 1.7 Billion Cars on the Road by 2035," November 12,2012, www.cnbc.com/id/49796736.

延伸阅读

Bodansky, Daniel, Jutta Brunnee, and Ellen Hay, eds. *The Oxford Handbook of International Environmental Law*. New York: Oxford University Press, 2007.

Brennan, Andrew, and Yeuk-Sze Lo. "Environmental Ethics." In *The Stanford Encyclopedia of Philosophy* (Winter 2015 Edition), edited by Edward N. Zalta. http://plato.stanford.edu/archives/win2015/entries/ethics-environmental/.

Bullard, Robert D., ed. *The Quest for Environmental Justice: Human Rights and the Politics of Pollution*. San Francisco: Sierra Club Books, 2005.

Carson, Rachel. *Silent Spring*. New York: Houghton Mifflin, 1962. With a new introduction by Al Gore, copyright 1994.

Commoner, Barry. *The Closing Circle*. New York: Knopf, 1971.

Farber, Daniel A., and Roger W. Findley. *Environmental Law in a Nutshell*. 9th ed. St. Paul, MN: West, 2014.

Gore, Al. *Earth in the Balance*. New York: Rodale, 1992.

Gore, Al. *The Future: Six Drivers of Global Change*. New

York: Random House, 2013.

Goudie, Andrew. *The Human Impact on the Natural Environment: Past, Present, and Future*. 7th ed. West Sussex: Wiley-Blackwell, 2013.

Graham, Mary. *The Morning after Earth Day: Practical Environmental Politics*. Washington, DC: The Brookings Institution, 1999.

Jacobs, Jane. *The Death and Life of Great American Cities*. New York: Vintage Books edition, 1992. First published 1961 by Random House.

Kriebel, David, Joel Tickner, Paul Epstein, John Lemons, Richard Levins, Edward C. Loechler, Margaret Quinn, Ruthann Rudel, Ted Schettler, and Michael Stoto. "The Precautionary Principle in Environmental Science," *Environmental Health Perspectives* 109 (2001): 871-76.

Maslin, Mark. *Climate Change: A Very Short Introduction*. 3rd ed. Oxford: Oxford University Press, 2014.

Percival, Robert V., Christopher H. Schroeder, Alan S. Miller, and James P. Leape. *Environmental Regulation: Law, Science, and Policy*. 7th ed. New York: Wolters Kluwer Law and Business, 2013.

Randers, Jorden. *2052: A Global Forecast for the Next Forty Years*. White River Junction, VT: Chelsea Green Publishing, 2012.

Revesz, Richard L. *Foundations of Environmental Law and Policy*. New York: Oxford University Press, 1997.

Rockwood, Larry L., Ronald E. Stewart, and Thomas Dietz, eds. *Foundations of Environmental Sustainability: The Coevolution of Science and Policy*. New York: Oxford University Press, 2008.

Sachs, Jeffrey D. *The Age of Sustainable Development*. New York: Columbia University Press, 2015.

Smith, Stephen. *Environmental Economics: A Very Short Introduction*. New York: Oxford University Press, 2011.

Susskind, Lawrence E., and Saleem H. Ali. *Environmental Diplomacy: Negotiating More Effective Global Agreements*. 2nd ed. New York: Oxford University Press, 2015.

Wagner, Gernot, and Martin L. Weitzman. *Climate Shock: The Economic Consequences of a Hotter Planet*. Princeton, NJ: Princeton University Press, 2015.

Weis, Judith S. *Marine Pollution: What Everyone Needs to Know*. New York: Oxford University Press, 2015.

Wilson, Edward O. *The Future of Life*. New York: Vintage, 2003.

网络文献

1 环境保护概述

For definitions of environmental terms: US Environmental Protection Agency, http://iaspub.epa.gov/sor_internet/registry/termreg/searchandretrieve/termsandacronyms/search.do; search on specific terms.

3 环境法

For US environmental laws and related materials: US Environmental Protection Agency, Laws & Regulations page, www.epa.gov/laws-regulations.

For Native American law and policy: US Department of the Interior, Indian Affairs FAQ page, www.bia.gov/FAQs.

For environmental laws and related materials in the United Kingdom: UK Government, Environment Agency page, www.gov.uk/government/organisations/environmentagency.

For Canadian environmental laws and related materials: Government of Canada, Environment and Climate Change page, www.ec.gc.ca/default.asp?lang=en&n=FD9B0E51-1.

For environmental laws and related materials from around the world: Practical Law, Global.practicallaw.com; search on "environmental law."

For European Union legislation, directives, and related materials: European Commission, Environment page, http://ec.europa.eu/environment/index_en.htm.

4 环境保护与地球村

For general information on the United Nations Environment Programme: www.unep.org.

For United Nations environmental treaties, conventions, protocols, and related materials: United Nations Treaty Collection, Multilateral Treaties Deposited with the Secretary-General page, https://treaties.un.org/pages/Treaties.aspx?id=27&subid=A&lang=en.

5 水

For water-related information with a US focus: US Environmental Protection Agency, Learn About Water page, http://water.epa.gov.

For global information: Global Issues, Water page, www.un.org/en/sections/issues-depth/water/index.html.

6 空气

For air-related information with a US focus: US Environmental Protection Agency, Learn About Air page, https://www.epa.gov/learn-issues/learn-about-air.

7 生态系统

For global information: Millennium Ecosystem Assessment, Guide to the Millennium Assessment Reports page, www.millenniumassessment.org/en/reports.html.

For US species-related information: US Fish & Wildlife Service, Endangered Species page, www.fws.gov/endangered.

8 气候变化

For IPCC reports, summaries, and frequently asked questions: Intergovernmental Panel on Climate Change Reports page, http://ipcc.ch/publications_and_data/publications_and_data_reports.shtml.

For climate-related topics with a US focus: US Environmental Protection Agency, Climate Change page, www.epa.

gov /climatechange.

9 废物

For general information on waste in the United States: US Environmental Protection Agency, Learn About Waste page, www. epa. gov /learnissues /learn-about-waste; US Environmental Protection Agency, Advancing Sustainable Materials Management page, www. epa. gov /smm / advancing-sustainable-materials-management-facts-and-figures.

For global information: The World Bank, What a Waste page, siteresources. worldbank. org /INTURBANDEVELOPMENT /Resources /336387-1334852610766 /What_a_Waste2012_Final. pdf.

10 建筑环境

For information about smart growth: US Environmental Protection Agency, Smart Growth page, www. epa. gov / smartgrowth /about-smart-growth.

11 环境正义

For general information about environmental justice in the United States: US Environmental Protection Agency, Environmental Justice page, www. epa. gov /environmentaljustice.

译后记

天下之事各有因缘。如果不是因为2018年初意外伤足，我无论如何不会接受出版社之请，勉为其难(自找麻烦)地翻译面前这本小书。暂时的不良于行，让我得以从繁重的博物馆事务工作以及环境学院的教学工作中稍事喘息。在完成了手边的几篇积稿之余，恰好华中科技大学出版社编辑于2018年4月与我接洽，告知彼社拟出版一套翻译丛书，其中一册是《环境保护》，希望由我来翻译。现在回想起来，仍不免为当时的冲动后悔。

坦率地说，我的英文一向不好，读大学时就是短板，阅读专业文献尚需借助词典，偶尔出国交流，则只够勉强"活命"(survival)。壮着胆子接下这次翻译任务，原因之一当然是出版社编辑的锲而不舍，而我又一向耳根软，尤其不忍拒绝女生，否则可以省去多少麻烦啊；而促使我最终答应下来的，还有另外一个原因，就是当我粗粗翻阅一过，感觉此书内容几乎涵盖了环境保护的方方面面，以一问一答的方式写就，非常便于读者根据需要择选阅读。而这些内容，正好可以为我开设的"环境与地球科学概论"课程提供相当多的补充资料。既然居家养伤，那就着手译吧，正好可以顺便温习温习英文。

最初一个月，事情真的和我预期的差不多，每日大部分时间消磨在电脑旁，将伤足高高架起，一边享用着老妈源源不断供应的零食，一边和这些英文单词进行斗争，很快消灭了头三章。本以为“万事开头难”，后面的工作应该越来越顺利吧。不承想事与愿违，由于足伤恢复的速度超乎预期，我终于可以摆脱双拐，借助单只助力手杖就可以行动自如了，于是校内、院内、馆内的工作又多起来，因受伤而耽误的出差任务也紧锣密鼓、变本加厉地追讨过来。于是乎，我又开始了频繁的外出，翻译工作只能压缩到每日晚饭后的时光，一度甚至连这样的时间都无法保证了。就这样断断续续，蚂蚁搬家一般，终于在一年之后，交出了翻译初稿，结束全部译文的日子是 2019 年 5 月 19 日，这刚好是拙荆的生日，注定是一个特别值得纪念的日子吧。

本书作者是美国人，一名环境律师，曾经长期供职于美国环境保护署，并在大学讲授美国环境法。因此，或许是出于职业习惯吧，本书的一个特色就是，无论什么环境问题，作者都会谈及美国的环境立法及环境政策有何响应。这虽然是一本科普读物，但是作者的写作非常严肃，也非常严谨：她不仅在每一章的注释中给出了主要引文的来源，而且在书后提供了许多有益的延伸阅读材料和有用的网络资源。为了方便读者使用，也是遵循国际学术图书的通例，作者还给出了数十页详尽的索引。当然，有点儿可惜，限于本书中文版的体例，这些索引最终没能保留，这不能不说是一个不小的遗憾。尤其是当我花费十余个夜晚，终于完成所有的索引翻译与核对工作，却被告知它们将无缘与读者见面时，多少还是有些失落的。

本书所涉环境议题非常广泛，正如作者自序所云：“本书的目标受众是公众和政策制定者、学生、学者、环保主义者以及公益事业人士。”由此可知，本书潜在的读者群非常广泛。作为大学里的专业课程授课人，我愿意将本书推荐给自己的学生，让他们在专业课堂之外有更多的拓展阅读选择。我也愿意将本书推荐给广大中小学生，因为环境意识最好从孩子抓起，由孩子转而影响他们的长辈。其实这本书的内容并不艰深，因为作者的愿望是为大众写科普读物，为此，作者总是力图用简洁的语言、生动的案例来阐述问题。而我在翻译时，也尽量采用比较通俗易懂的表述，为此也曾把一些章节拿给初中生、高中生阅读，了解他们阅读后的反馈。

我需要感谢许多人，他们的帮助让本书的翻译尽可能准确。首先是我研究生时期的同班同学庞辉女士，她毕业后去了美国，长期供职于新泽西州环保局，熟悉美国的环境政策，每当我在翻译中遇到问题，首先“骚扰”的就是她。我的博士后何小兰女士是德国人，毕业于柏林自由大学，虽然英文不是她的母语，但她能够非常细腻地体悟英文表达的精微之处，为我提供了不少有益的建议。有时我会把斟酌不定的段子直接甩到同学群里，直接让那些身居海外的校友出主意，而他们总能在一些关键点上给我启发，有时甚至在群内引发对相关问题的讨论和争论，回想起来，实在可爱。这里需要点名感谢的朋友还有很多，赵伟、胡雪涛、胡志慧、鲁玺、刘建国、黄蕾等，不能一一列举了。我还要特别感谢好友的儿子白，他是本书完整译稿的第一位读者，彼时正在读高三，已有攻读环境保护专业的计划，真是非常理想的“审读员”。一方面，他可以帮我检验译文的难易程度；另一方面，他可以获得比较全面的环境保护基础知识，与此同时，他也为我提出了许多有价值的修改意见。

坦率地说，尽管得到这么多朋友的帮助，但是译文中一定还存在许多缺点和不足，一定有我自己理解不到位，或者即便理解到位了却没能准确表达的地方。文责自负，所有的缺点和不足与他人无关。诚心期待得到读者的批评和指正。当然，原文作者也存在少量的笔误，包括拼写的错误，我以译者注的方式进行了订正。个别案例对于美国公众来说可能人人皆知，但是对于中国读者特别是年轻读者而言可能碍于理解，我也以译者注的方式补充了相关背景，以便中国读者理解。

以上陈述，是我对广大读者的一个交代。是为后记。

杜鹏飞

2019 年 5 月 19 日